JULIA ROMEISS | GREGOR FAUBEL

tiny
balcony

RAUMWUNDER FÜR BALKON &
TERRASSE ZUM SELBERBAUEN

construct tiny

Raumwunder zum Selberbauen

Sonderseite
12

Sonderseite
22

my tiny balcony

Wunderbare Balkon(t)räume einrichten

LEBENSRAUM BALKON

Ein Balkon, so klein er auch sein mag, birgt unendlich viele Gestaltungsmöglichkeiten. Wird sein Potential voll ausgeschöpft, gelingt eine optimale Erweiterung der Wohnfläche, die im urbanen Umfeld oft sehr kostbar und beengt ist.

Als wir uns kennenlernten, bewohnte Julia 42 Quadratmeter Altbau im schönen Münchner Neuhausen. Da die Wohnungslage in München bekanntlich bescheiden ist und wir das Stadtviertel liebten, zog Gregor zu Julia. Die Wohnung war zwar an manchen Stellen höher als breit, aber wir machten es uns trotzdem schön. Im Frühling, Sommer und Herbst hatten wir schließlich ein drittes Zimmer: unseren Balkon.

Wir verbrachten dort viele Stunden: Es war unser urbaner Rückzugsort – wild bewachsen, mit vielen Blumentöpfen an der Brüstung und auf dem Balkonboden. Ein kleiner Klappstuhl und eine Kiste, die Sitzgelegenheit, Tisch und Stauraum zugleich war. Wir lebten irgendwie schon „tiny", ehe „tiny" Trend wurde.

7 Jahre später hat sich Vieles geändert. Mit unserem ersten Kind sind wir ins Münchner Umland gezogen. Wir wohnen nun in einer Dachwohnung. Ohne Balkon. Aber mit Gartenanschluss und eigener Werkstatt. Als die Anfrage vom Verlag kam, ob wir ein Buch über Raumwunder für kleine Balkone machen möchten, flammte unsere Balkonliebe sofort wieder auf.

Familien-Balkon, WG-Balkon, ein Balkon zum Durchatmen. So unterschiedlich die Menschen sind, so facettenreich die Ansprüche an das bisschen Freiraum. Aber wie nutzt man das optimal? Die klassischen Gartenmöbel sind oft zu sperrig.

Zudem sollte der Balkon ein Alleskönner sein: mal Haushaltshilfe zum Wäschetrocknen, dann wieder Wohnzimmer, um Freunde bei einem Gläschen Wein willkommen zu heißen. Die Lösung: Balkonmöbel müssen flexible Alleskönner sein, individuell anpassbar, leicht und vielfältig einsetzbar.

Wir haben Module und Einzelmöbel entworfen, die – flexibel kombinierbar – das Optimum aus jedem kleinen Stadtbalkon und jeder Terrasse herausholen. Sie sind leicht zu bauen, auch im kleinsten Einzimmer-Appartement ohne Werkstattanschluss. Alle Teile können Sie im Baumarkt zuschneiden lassen. Zu Hause braucht es nur noch eine kleine Auswahl an Werkzeug. In Schritt-für-Schritt-Anleitungen dokumentieren wir den Bauprozess und helfen bei kniffligen Detailfragen. Wir wollen Sie motivieren, mit Mut zur Kreativität die individuell maßgeschneiderten Ideen anzugehen. Wo ein 🌂 auf einem Bild steht, können Sie die Bauanleitungen, Zuschnittpläne und Materiallisten downloaden. Detaillierte Informationen dazu finden Sie auf Seite 237. Einfach ausgedruckt oder auf dem Smartphone mit in den Baumarkt Ihrer Wahl nehmen!

Im zweiten Teil des Buches stehen verschiedene Balkone und ihre Bewohner im Mittelpunkt. Denn bei der tiny-Balkon-Planung waren vor allem die Personen mit ihren spezifischen Vorstellungen, Lebenskonzepten und Wünschen

ausschlaggebend. Wir haben zwölf Balkon-Ty-
pen mit ganz unterschiedlichen Anforderungen
gesucht und aus unseren modulartigen Möbeln
originelle und individuelle Outdoor-Wohnträume
gestaltet. Die Entwicklung und Umsetzung dieser
zwölf Konzepte war für uns wie eine „Testphase".
Sie sichert doppelt ab, dass auch Sie mit den hier
vorgestellten Projekten Ihren ganz persönlichen
„tiny" Balkon einrichten können: Es ist ein Buch
entstanden mit vielfältigen Projekten und noch
vielfältigeren Inspirationen zum Verwirklichen
der eigenen Kreativität. Auf dass Sie Ihren Balkon
mit Leben füllen, das zu Ihnen passt!

UND JETZT VIEL SPASS
… beim Schmökern,
Inspirierenlassen und Selberbauen!
Julia & Gregor

JULIA & GREGOR
STUDIO FAUBEL

TRÄUMEN UND PLANEN – DER WEG ZUR IDEE

Der kreative Prozess

Kreativität bei der Planung von Möbeln und Wohnräumen unterliegt einem Prozess, der sich aus vielen einzelnen Parametern zusammensetzt. Sie müssen alle bedacht werden, damit es nicht nur gut aussieht, sondern auch funktioniert und Spaß macht. Natürlich haben wir nach all den Jahren schon einen guten Überblick über das, was sinnvoll und machbar ist – dennoch bleibt es jedes Mal spannend.

Sie wollen selbst kreativ werden, aber wissen nicht so recht wie Sie anfangen sollen? Vorab ein paar Tipps zur Unterstützung, die einen Einblick in unsere Arbeitsweise geben. Jeder neue Auftrag braucht ein eigenes, exakt auf den Kunden zugeschnittenes Konzept, das wir gemeinsam entwickeln und umsetzen. Dabei steht grundsätzlich der Mensch im Vordergrund. Jeder kreative Prozess beginnt demnach mit genauen Analysen und ein wenig Detektivarbeit. Es gilt, die individuellen Vorstellungen, Wünsche, Ansprüche und die absoluten „No-Gos" herauszufinden. Alle Ideen werden zusammengetragen, um jeden einzelnen Balkon passgenau für seine Bewohner zu gestalten und zu einem besonderen und schönen Ort zu machen.

WOVON TRÄUME ICH?

Holen Sie sich Inspiration aus Büchern, Magazinen oder dem Internet. Legen Sie Ausdrucke, Skizzen und Listen Ihrer Ideen an einem Platz in der Wohnung aus, an dem sie immer wieder vorbeikommen – vielleicht auch auf einem Moodboard. So bleibt Ihr Projekt im Fokus und kann sich entwickeln. Sprechen Sie mit Freunden über Ihre Ideen. Es ergibt sich immer etwas Interessantes, wenn verschiedene Perspektiven ins Spiel kommen.

WAS BRAUCHE ICH?

Was soll Ihr Balkon alles können? Wieviel Schutz benötigen Sie für Ihre Privatsphäre? Was nervt Sie momentan? All diese Fragen helfen bei der Entwicklung der Details, die im zukünftigen Open-Air-Wohnraum Freude machen. Notieren Sie sich Ideen oder skizzieren sich Pläne. Lassen Sie etwas Zeit vergehen (aber nicht zu viel), bevor Sie sich an die Umsetzung machen: Wenn Sie nach einigen Tagen immer noch überzeugt sind von Ihren Plänen, kann es losgehen!

KREATIVITÄT BRAUCHT EINEN PLAN
Zeichnen Sie auf alle Fälle immer einen Balkon-Grundriss und Ideen-Skizzen!

DAS KREATIVE MATERIAL

Als Orte zwischen drinnen und draußen sind Balkone die Verbindung zur Außenwelt. Die schützende Hülle unserer vier Wände ist dort meistens nicht vorhanden. Das stellt die Kreativität vor weitere Herausforderungen, denn einfach schick streichen geht hier nicht. Vor allem auf kleinen Balkonen haben wir außerdem weniger Spielfläche, auf der wir uns kreativ austoben können. Der Balkon ist meist der kleinste und spartanischste Wohnraum, und – obwohl jeder einen haben will – der am meisten vernachlässigte. Viele Balkone verkommen über die Jahre zu Outdoor-Lagerräumen. Wozu soll man die sowieso schon viel zu knappe Freizeit auch in einen Balkon investieren, der eh zu klein ist, um richtig was draus zu machen? Klein, karg und exponiert ... unserer Meinung nach beste Voraussetzungen, um die Kreativität richtig anzuheizen. Das Gute: Sind die Ideen ausgereift und ordentlich geplant, ist der eigentliche Arbeitsprozess nicht besonders aufwendig. Die erforderlichen Werkzeuge sind meist in jedem Haushalt vorhanden und werden im Bauteil unseres Buches ausführlich erklärt. Alle Materialien sowie die Polster bekommen Sie in jedem gut sortierten Baumarkt.

DER BALKONPLAN

Die Basis Ihrer Planung ist eine gut ausgearbeitete Übersicht über die Gegebenheiten: Skizzieren Sie Maße und bauliche Elemente Ihres Balkons. Neben dem Grundriss sind Details wichtig, wie die Höhe und die Art der Brüstung, ebenso Türen, Fenster, die Höhe und Breite einer Fensterbank, Regenfallrohre und ggf. Trennwände zu den Nachbarbalkonen.

GELASSENHEIT UND RUHE

Auch wenn Sie Anfänger sein sollten: Das Geheimnis liegt in der Ruhe! Wer im hektischen Treiben versucht, einen gewissen Grad an Qualität zu erreichen, wird sich schwertun. Planen Sie mit Gelassenheit und gründlich. Informieren Sie sich vorab, und fachsimpeln Sie mit handwerklich erfahrenen Freunden nicht erst, wenn schon was schiefgelaufen ist. Lieber einmal zuviel messen als einmal zu wenig. Legen Sie sich alle Werkzeuge, Materialien und Bauteile zurecht, bevor Sie starten. Gehen Sie die Schritte durch, ehe Pinsel, Akkuschrauber oder Handsäge zum Einsatz kommen. Erst denken, dann schrauben! So kann eigentlich nichts mehr schiefgehen.

SINN FÜR ORDNUNG

Während eines Projekts sieht es zum Teil ziemlich wüst aus. Das muss nicht heißen, dass das planlose Chaos ausgebrochen ist. Jeder entwickelt so seinen eigenen Arbeitsstil. Dennoch gilt: Zwischendurch aufzuräumen hilft nicht nur beim Sortieren der Materialien, sondern auch beim Ordnen der Gedanken.

SICHERHEIT

Achtsamkeit und Umsicht sind die beste Prävention zur Vermeidung von Verletzungen und Unfällen! Bei der Arbeit mit Maschinen immer Schutzkleidung wie Gehörschutz, Sichtschutz und Handschuhe tragen. Selbst bei einfachen handwerklichen Tätigkeiten sollten Sie auf Ihre Umwelt und sich selbst achten: Spitze und scharfe Werkzeuge nicht unachtsam herumliegen lassen, Behälter mit Lacken und Farben verschließen, Material gegen Umfallen sichern, beim Sägen und Schneiden die eigenen Finger im Blick behalten …

Wie, wo … und mit wem?

In unserem Buch erklären wir den grundsätzlichen Aufbau und die Montage unserer drei Ausstattungsserien. Unser Ziel ist, dass Sie sich davon auch zum Maßschneidern eigener Projekte inspirieren lassen.

Die meisten Teile können direkt auf dem Balkon zusammengebaut werden – der Innenhof oder die Garage sind ebenfalls gute Orte. Ein Stromanschluss ist hilfreich, aber nicht zwingend notwendig. Die Materialien schneidet Ihnen jeder Baumarkt zu. Für Basismodule und Basismöbel finden Sie Zuschnitt- und Materialpläne zum Download. Eine eigene Werkstatt oder schweres Gerät sind unnötig, aber erlaubt. Ein letzter Tipp: Beim Bauen ist das ein wenig wie beim Fernsehen, alleine macht es nur halb soviel Spaß. Wer also Lust zum Helfen hat, ist herzlich eingeladen!

*Auch wenn das Internet eine riesige
Inspirationsflut bietet, ist für uns
die Inspiration aus durchdachten
Büchern Gold wert, um sich besser
fokussieren zu können.*

PERSPEKTIV-WECHSEL
Oft wird im kreativen Austausch aus
einem kleinen Einfall ein handfester
Gestaltungsentwurf. Dinge aus
verschiedenen Perspektiven zu
betrachten, ist hierbei das A und O.

inter view

small living

DER TREND ZU KLEINEN RÄUMEN MIT GROSSER WIRKUNG

Jochen Müller
von Müller Möbelwerkstätten

Studio Faubel: Welche Rolle spielt deiner Meinung nach der Lebensraum Balkon in Bezug auf die Wohnsituation in Großstädten?

Jochen: Früher waren Balkone eigentlich konzipiert als kleiner Gartenersatz. Tatsächlich wurde der Stadt-Balkon aber oft als zusätzlicher Abstellraum und Hauswirtschaftsfläche genutzt. Heute, bei den sehr kleinen Wohnungen der Großstädte, wird der Balkon wieder als echter Wohnraum wichtiger, z. B. als Minibüro, Essplatz oder Kräutergarten.

SF: Euer Firmenclaim ist „Small Living". Welche Eckpunkte definieren diesen Begriff?

J: „Small Living" bedeutet Wohnen auf kleiner Fläche. Das kann die kleine erste Wohnung für das junge Pärchen sein, genauso wie das winzige Kinderzimmer in der Großstadt. In den Metropol-Regionen braucht man Möbel, die die begrenzte Fläche optimal ausnutzen und die Bewegungsfreiheit so wenig wie möglich einschränken.

SF: Ihr produziert seit 1966 die berühmte Stapelliege von Rolf Heide – ein Möbelstück, das eure Firmenphilosophie bis heute prägt. Ab wann stellte sich Eurer Meinung der Trend zum „Small Living" ein?

J: Das Thema „Small Living" begleitet uns seit unserer Gründung 1869. Mein Urur-Großvater fertige schon Möbel und Einbauten für die kaiserliche Marine. Auch die nachfolgenden Generationen, insbesondere mein Vater, entwickelten mit vielen Designern wie z. B. Jan Armgardt platzsparende Möbel. Im Jahr 2019 – also anlässlich unseres 150. Geburtstages – haben wir das Konzept in unserem Namen „Müller Small Living" manifestiert und fokussieren uns jetzt auf diesen Bereich.

SF: Wie viele Funktionen darf ein Möbelstück haben?

J: Das ist eine sehr gute Frage! Grundsätzlich so viele, wie sinnvoll erscheint. Das Schweizer

Taschenmesser ist ein gutes Beispiel für ein Produkt, dass viele Funktionen auf sinnvolle Weise vereint. Auch ein Bett, ein Schrank oder ein Sekretär können viele verschiedene Funktionen bieten. Jedoch sollten alle Funktionen mit dem grundsätzlichen Nutzen des Produktes harmonieren.

SF: Wird heute denn mehr Stauraum benötigt als früher?

J: Ja, ich denke schon! Wir leben nun mal in einer Welt des Überflusses. Die meisten Menschen haben mehrere Hobbies, vereisen nicht nur im Sommer, sondern auch im Winter, versorgen ein Haustier und wollen ihren Kindern die vielen multimedialen Möglichkeiten bieten. Dafür brauchen wir unglaubliche viele Dinge, die irgendwo verstaut werden müssen.

SF: Als Material setzt Ihr überwiegend auf beschichtetes Sperrholz. Hat das einen besonderen Hintergrund?

J: Wir verwenden schon seit den 1960er-Jahren Birken-Schichtholz. Rolf Heide hat uns damals darauf gebracht. Es ist auch heute noch das Lieblingsmaterial junger Designer. Man kann daraus mit herkömmlichen Werkzeugen schöne Prototypen bauen und bekommt es in einfacher Qualität in jedem Baumarkt. Es verleiht dem Möbel durch die markante Schichtholzkante eine frische und natürliche Optik und ist auch unter Nachhaltigkeitsgesichtspunkten ein sehr guter Werkstoff. Birken wachsen relativ schnell. Bei der Herstellung von Schichtholz wird fast der komplette Baum genutzt, d. h. der Verwertungsgrad ist sehr hoch. Schichtholz ist außerdem extrem robust und damit langlebig.

SF: Hinter scheinbar einfachen Ideen steckt meistens eine ganze Menge Denkvermögen und Entwicklung. Das spiegelt sich im Preis wider.

Ist die heutige Käuferschaft bereit, mehr für cleveres Design zu bezahlen?

J: Cleveres Design ist heute gefragter als früher, weil viele Menschen bewusster und nachhaltiger einkaufen. Gute Qualität bei Gestaltung, Material und Verarbeitung wird gefordert und anerkennend bezahlt.

SF: Welches Produkt aus Eurem Portfolio würdet Ihr uns für unser Projekt empfehlen?

J: Das Regal „Konnex" von Florian Gross ist ein flexibles Regal, das jedem Wetter standhält. Die unterschiedlich großen Boxen lassen sich beliebig zusammenstecken, und die vielen kleinen Fächer sind super geeignet für Blumen, Kerzen, Kräuter und alles, was sonst noch auf dem Balkon verstaut wird.

SF: Bei schönem Wetter lässt sich auch sehr gut auf dem Balkon arbeiten. Welche Anforderungen müssen Möbel erfüllen mit Blick auf eine zunehmend digitalisierte Arbeitswelt, die immer mehr mit dem Privatleben vermischt wird – Stichpunkt „small office"?

J: Das „small office" kommt zukünftig mit sehr wenig Platz aus. Dort müssen dann aber alle notwendigen Funktionen kompakt zu finden sein: Licht, Strom, Auflademöglichkeiten, kleine Ablagen für Schreib- und Büro-Utensilien …

SF: Terrasse oder Balkon?

J: In meiner Heimat Norddeutschland hat man vor allem Eines: viel Platz! Daher bin ich es gewöhnt, von der Terrasse aus direkt in den Garten zu laufen. Wenn ich Freunde in der Großstadt besuche, freue ich mich aber auch über einen Balkon, um auf das bunte Treiben runterzuschauen.

ABOUT TINY

Sich von Überflüssigem befreien und auf ein notwendiges Minimum zu beschränken, schärft unseren Blick auf das Wesentliche im Leben. „Tiny" hat weniger mit Verzicht, sondern mit großem Denken zu tun.

Wer wenig Unnötiges hat, kann sich auf die wichtigen Dinge im Leben fokussieren. Zu viel Überflüssiges wird zunehmend als belastend wahrgenommen – etwas, das uns träge und un-zufrieden macht. „Downsizing" entwickelt sich als ein neuer, sinnvoller Trend, weg vom Kon-sum. In fernöstlichen Religionen wie z. B. dem Zen-Buddhismus ist diese Lehre fester Bestand-teil einer Lebensphilosophie, die mehr gedankli-chen Freiraum lässt.

In der Architektur begann mit diesem Philo-sophie-Ansatz vor einigen Jahren eine ganze Bewegung, die sich als tiny-house-Community etablierte und immer noch regen Anklang findet. Tiny houses sind in der Regel einfach konstruier-te, meist einstöckige Gebäude, in denen dennoch alles Lebensnotwendige Platz hat: Küche, Bad, Wohn- und Schlafzimmer auf kleinstem Raum. Damit dieses Konzept auch funktioniert, steckt hinter der Ausstattung eines solchen Hauses oft eine besonders hochwertige, gut durch-dachte Tischlerarbeit. Die komplette Einrichtung wird sehr flexibel und individuell auf die Bewoh-ner zugeschnitten. Dabei sind der Materialviel-falt, Verarbeitung und Qualität preislich keine Grenzen gesetzt.

Ähnlich wie ein Wohnwagen steht ein tiny house nicht selten fest verankert auf einem LKW-Anhänger, so können die eigenen vier Wände fast überallhin und ohne großen Auf-

AUF KLEINSTEM RAUM
Die Natur macht es vor:
Alles, was man zum Leben braucht,
passt in ein Schneckenhaus.

wand mitgenommen werden. Wer – wie viele tiny-house-Besitzer – privat und beruflich flexi-bel ist, schätzt diese Beweglichkeit und Unab-hängigkeit. Natürlich gelten auch für tiny houses die Regeln lokaler Bauverordnungen, je nach Größe und Nutzung variiert hier das Baurecht. Dennoch ist ein Umzug keine aufwendige Sache mehr, sondern oft nur eine Frage des optimalen Stellplatzes: Lieber mit Meerblick oder doch lie-ber die Bergkulisse?

Genauso wie beim tiny house haben Balkone in der Regel eine sehr begrenzte Fläche. Auch auf dem Balkon ist es eine besondere Her-ausforderung, jeden Quadratmeter optimal zu durchdenken und sich mit schlauen Details zu organisieren. Stapelbare Kisten, Klappmöbel und schlanke Multifunktions-Elemente wie unsere Frames bieten bei Platzmangel jede Menge Möglichkeiten: Kleine Flächen lassen sich optimieren und mit vergleichsweise wenig Aufwand und Material individuell gestalten. Indem wir nicht nur die Horizontale, sondern auch die Vertikale bei der Gestaltung von Raumelementen nutzen, wird keine Freifläche verschwendet – ähnlich wie bei wachsenden Großstädten, in denen Wohnraum zunehmend begrenzter wird.

Abgeleitet von der tiny-house-Architektur bezieht sich unser Buchtitel „tiny balcony" auf die optimale Raumausnutzung der begrenzten Fläche kleiner und mittlerer Stadtbalkone. „Weniger ist mehr" kann sich auch in diesem Zusammenhang zum echten Mehrwert entwickeln. Welche Gegenstände brauchen wir wann und wofür, und wie nutzen wir sie konkret? Wenn wir uns intensiv mit derartigen Fragen beschäftigen, gelingt es uns, Gebrauchsgegenstände achtsam zu organisieren. Regale, Kisten, Klappmöbel … werden zu optimalen Alltagsbegleitern. Während der Arbeit an unserem Buch haben wir festgestellt: Auf der Suche nach einer ökonomischen und individuellen Lösung braucht es eine große Motivation im Selbermachen. Dabei soll „tiny balcony" nicht nur handwerklicher Rat- und Ideengeber sein, sondern vor allem eine Inspirationsquelle für Ihre eigene Kreativität. Damit Sie Ihren Balkon in Ihre persönliche Oase verwandeln können.

Zu Beginn unserer Arbeit am Buch fingen wir an, über das Konzept „tiny" zu diskutieren. Zugegeben konnten wir anfangs noch nicht wirklich etwas damit anfangen. Wir ordneten den Begriff ganz anders ein, nämlich „tiny" im Sinne von „möglichst günstig". Als wir anfingen, die Entwürfe für die verschiedenen Balkontypen zu entwickeln, erhielt jeder Balkon viel mehr Ausstattung

verpasst, als letztlich notwendig war. Unsere ersten Ideen überzogen das übliche Budget für das Material und für die Arbeitszeit enorm. Wir mussten alles auf ein gesundes Maß zurückschrumpfen – und das war in jeder Hinsicht gut! Denn nun stellten wir uns immer wieder die entscheidende Frage: Wie viel ein wirklich schöner Balkon an Ausstattung, Stauraum und Dekoration wirklich braucht.

Haben wir erst einmal erkannt, wie einfach Dinge sein können, wollen wir sie auch selbst in die Hand nehmen. Gutes „tiny" ist nicht einfach. Eine gestalterische Herausforderung, in der viel gut durchdachte Planungsarbeit steckt. Dabei helfen die Inspiration aus Büchern und von Kollegen, ein aufmerksamer Blick in die direkte Umgebung sowie Mut und Lust auf Veränderung. Je einfacher wir die Dinge halten, desto mehr Freiraum lassen sie uns bei der Gestaltung. In diesem Sinne: „think big, live tiny"!

Konzentration auf das Wesentliche
- Behandeln Sie den Balkon wie Ihr zweites Wohnzimmer: Würden Sie im Wohnzimmer leere Bierflaschen und Ramsch lagern?
- Verstauen Sie Gegenstände wie Blumenerde oder Düngemittel in Boxen.
- Umgeben Sie sich nur mit Dingen, die Sie wirklich mögen. Ungeliebte Deko-Geschenke oder Weihnachtssterne im Hochsommer – weg damit!
- Wählen Sie ein stimmiges Farbkonzept aus, das zu Ihnen und zum Gesamtbild des Balkons passt: Das können ruhige Sandtöne sein oder knallige Südseefarben …

RAUMWUNDER ZUM SELBERBAUEN ·

construct
tiny

(Japanische) Handsäge

Cutter-Messer

Bit-Einsatz
für Akkuschrauber

Hammer

Lackpinsel

Lackroller
mit Schaumrolle

Bleistift

Schleifpapier

Meterstab

Akkuschrauber

Schere

Tacker und
Klammern

DAS WERKZEUG

Es braucht nicht viel: Alle unsere Projekte können Sie mit Standard-Werkzeugen realisieren. Sie sind in jedem Baumarkt erhältlich und einfach zu bedienen. Mit weniger Aufwand macht es gleich mehr Spaß!

METERSTAB UND CO.

Gemessen und angezeichnet wird mit Maßband oder Meterstab und Bleistift. Ein Winkel kann ebenfalls nützlich sein. Markierdornen wie beispielsweise auf Seite 71 leisten gute Dienste beim Kennzeichnen von Bohrlöchern gegengleicher Bauteile.

SÄGE UND SÄGELEHRE

Die großen Zuschnittarbeiten für Platten lassen Sie am besten beim Holzzuschnitt im Baumarkt erledigen, dieser Service wird mittlerweile standardmäßig angeboten. Sie möchten selbst tätig werden? Dann ist eine Kreissäge oder Stichsäge das Mittel der Wahl. Für Einsteiger empfehlen wir einen Kurs. Oder besser noch eine Einweisung in einer Gemeinschaftswerkstatt. Vor allem in Städten gibt es derartige Angebote immer öfter (siehe Seite 238). Eine tolle Sache! Dort können Sie gemeinsam arbeiten und dabei nicht nur vom Know-how der anderen profitieren, sondern auch von der vielseitigen Werkzeug-Ausstattung. So müssen Sie sich keine Geräte anschaffen, die Sie nur selten brauchen und die in kleinen Wohnungen keinen Platz haben.

Um die Leisten und Bretter – beispielsweise für die Frames-Linie – auf die richtige Länge zu bringen, benutzen wir eine einfache japanische Handsäge. Diese Säge unterscheidet sich deutlich von ihren europäischen Kollegen: Im Gegensatz zum bekannten Fuchsschwanz, der durch das Material „geschoben" wird, arbeiten Sie mit der Japansäge auf Zug. Die Säge kann bei der Arbeit so gut wie nicht verkanten. Dadurch kommt die japanische Säge mit einem dünneren Sägeblatt aus, was wiederum ein angenehmeres und genaueres Arbeiten ermöglicht.

Die Stärke unserer Frames-Bretter beträgt 2 cm. Sie sind 7,5 cm breit und lassen sich daher gut in jeder gängigen Sägelehre auf Länge sägen. Die Lehren besitzen Führungen für 90°- und 45°-Abschnitte und sind sowohl aus Holz als auch aus Kunststoff erhältlich. Alternativ muss die Schnittlinie mit Bleistift und Geodreieck markiert und die Latte zum Sägen mit Schraubzwingen fixiert werden. Hierbei sollten Sie vorsichtig vorgehen, damit die Latte nicht verrutscht und Sie sich nicht verletzen.

SÄGELEHRE
So können Sie Rundstäbe und Latten präzise und sicher zuschneiden.

AKKUSCHRAUBER

Hier lohnt es sich, ein hochwertiges Gerät anzuschaffen – mit einer Akkuspannung von mindestens 10,8 oder 14,4 V und einem zweiten Akku zum Wechseln. Das Gerät muss auf alle Fälle ein Dreibackenfutter haben. Für ein sorgfältiges Arbeiten benötigen Sie ein Bohrfutter mit einstellbarem Drehmoment: Die Zahlen auf dem Einstellring hinter dem Bohrfutter geben an, mit welcher Kraft die Schrauben in das Holz gedreht werden. Für weiches Holz genügt die Einstellung 4–8, um den Schraubenkopf bündig zu versenken.

BITS & BOHRER

Ein Bit ist ein Einsatz, den Sie zum Einschrauben der Schrauben verwenden. Es gibt eine Vielzahl unterschiedlicher Bits – vom einfachen Schlitz bis zum sternförmigen sogenannten Torx. Sie werden in die Halterung gesteckt und sind leicht austauschbar. Kraftvolle Akkuschrauber haben oft eine mechanische Sicherung, damit der Bit sicher und ohne Spiel in der Halterung sitzt. Bit und Schraube müssen zueinander passen, sonst greift der Bit nicht oder gleitet ständig ab und wird beschädigt.

Zum Vorbohren der Schraubenpositionen in Platten oder Massivholz verwenden Sie am besten Holzbohrer, die im Gegensatz zum Metallbohrer eine Zentrierspitze haben. Dabei sollte die Bohrerstärke 1,5 mm kleiner sein als der Schrauben-Durchmesser: Eine 4,5-mm-Schraube erfordert z. B. einen 3er-Bohrer. Metallbohrer brauchen Sie nur zum Bohren der Winkel der Klappcouch (siehe Seite 80).

SCHLEIFPAPIER UND SCHLEIFKLOTZ

Für unsere Projekte eignet sich Schleifpapier mit einer Körnung von 150. Wickeln Sie es am besten um ein Holzstück oder einen Schleifklotz aus Kork. So lassen sich Sägespuren auf Schnittflächen glätten und scharfe Kanten brechen, also etwas abrunden. Für einen besseren Halt schrauben Sie das Schleifpapier mit zwei kurzen Schrauben seitlich am Klotz fest.

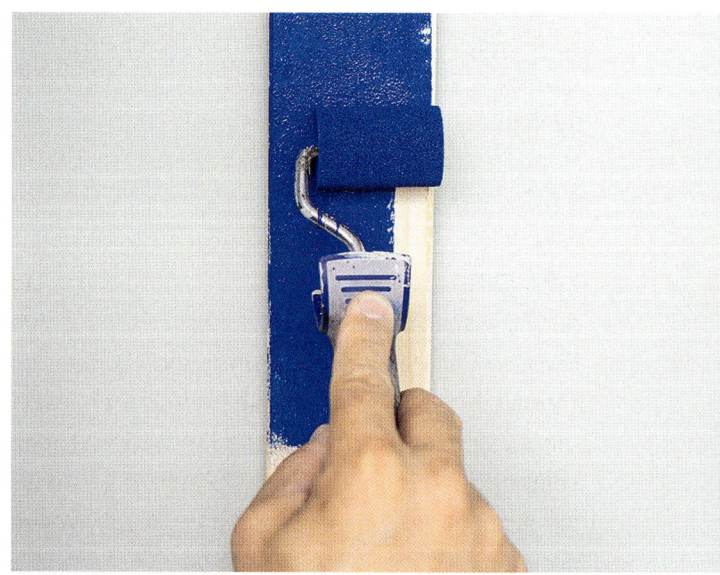

Kanten brechen: Scharfe Kanten im 45°-Winkel abschleifen, sodass eine dritte kleine Fläche entsteht. Das nennt man „anfasen".

OUTDOOR-CHIC
Auch Ecken und Winkel werden mit einem Pinsel sorgfältig lackiert.

LACKROLLE UND PINSEL

Damit unbeschichtete Holzelemente etwas wetterfester werden, können Sie sie nach dem Zusammenbau mit einem Wetterschutz-Lack versiegeln. Neuartige Lacke sind in der Regel fast geruchsneutral und trocknen binnen 60 Minuten, sodass die Teile sich schnell wieder anfassen lassen. Für unsere Projekte haben wir farbigen Wetterschutz-Lack aus dem Baumarkt verwendet. Mit einer kleinen Lackrolle aus Schaumstoff und einer Schale für den Lack gelingt das Auftragen sehr ergiebig und sauber. Alle Stellen, die mit der Rolle schwer zugänglich sind, werden mit dem Pinsel nachgestrichen. Uns genügten für alle Projekte zwei Anstriche pro Bauteil, um eine deckende und saubere Oberfläche zu bekommen. Ein Malerfließ zum Unterlegen empfiehlt sich bei jeder Art von Anstrichen.

TACKER, HAMMER UND CUTTER-MESSER

Zum Befestigen eines Sichtschutz-Gewebes an der Rückseite einiger Frames-Rahmen oder zum Fixieren der Rankschnur kommt ein Tacker zum Einsatz. Natürlich können Sie hierfür auch Hammer und Nägel verwenden. Beim Bespannen sollten Sie keinen zu großen Zug auf das Material ausüben. Das ergibt in der Regel Wellen und sogar Falten. Am besten arbeiten Sie hier zu zweit und ziehen das Material möglichst in eine Richtung parallel zum Rahmen. Zum Schneiden aller Textilien eignen sich ein gutes Cutter-Messer oder eine große Schere.

Outdoor-Materialien

MIT ERFAHRUNG UND FINGERSPITZEN-GEFÜHL IN HOCHALPINER LAGE

Architekt Rainer Schmid,
baut u. a. für den Deutschen Alpenverein

Studio Faubel: Balkone sind der Witterung ausgesetzt. Wir benutzen v. a. Fichtenholz und beschichtete Platten für unsere Balkonmöbel, da dies einfach zu bekommen ist. Welche Holzarten würdest du als Bodenbelag empfehlen?

Rainer: Als Balkon- oder Terrassenbelag eignet sich Lärchenholz. Wichtig ist mir, wo das Holz herkommt, um unnötige Transportwege zu vermeiden. Tropenhölzer gehen für mich gar nicht. Eine heimische Lärche aus höheren Lagen ist feinjähriger, widerstandsfähiger und langlebiger. Beim Bauen am Berg beispielsweise erkennt man sofort die ortstypischen Materialien und spürt, dass sie passen und stimmig sind. Sägeraues Holz (z. B. durch Bandsägenschnitt) hat den Vorteil, dass man darauf die ersten Jah-re nicht ausrutscht. Wird das Holz mit der Zeit glatter, kann es zur Rutschhemmung mit einer Drahtbürste behandelt werden.

SF: Ist es zwingend notwendig, Holz mit einem Schutz (z. B. Lasur oder Lack) zu versiegeln?

R: Nein, überhaupt nicht. Ich würde sogar von einer Lackversiegelung im Außenbereich abra-ten. Holz „arbeitet" und „sprengt" jegliche Lackschicht. Wasser kann eindringen und Fäulnisprozesse in Gang setzen. Die Verwendung einer hochwertigen Lasur, wie ihr das bei euren Projekten für dieses Buch zur Farbgestaltung gemacht habt, funktioniert im Außenbereich schon besser. Doch braucht es hier einen langlebigen Schichtenaufbau mit vielen Zwischenschritten. Holz muss aus meiner Sicht überhaupt nicht

„behandelt" werden. Es darf durchaus nass werden, solange es immer wieder trocknen kann. Holzmöbel sollten nur nicht zu lange „im Wasser" stehen. Dauerhafte Nässe, vor allem im Verbindungsbereich, ist extrem lebensverkürzend.

SF: Im Freien unterliegt Holz einem natürlichen Alterungsprozess. Wann ist ein Holzbauteil nicht mehr zu gebrauchen?

R: Sobald die Holzstruktur durch Insekten oder Pilze funktionell geschädigt ist. Wenn z. B. bei einer Holzterrasse die Bretter stellenweise durchbrechen oder schadhafte Stellen mit dem Fingernagel „zerbröselt" werden können. Deswegen ist beim Terrassenbau der Unterbau, auf dem die Bretter aufliegen, sehr wichtig. Hier darf nicht Holz auf Holz liegen (konstruktiver Holzschutz), da die Bretter sonst nicht abtrocknen, und extrem anfällig gegen Pilzschäden werden.

SF: Natürliche Materialien wie Holz, Metall oder Stein weisen mit der Zeit gewisse Gebrauchspuren auf. Wie wichtig ist dir dieser Aspekt?

R: Materialien „leben" und „erleben" eine Geschichte. Diese ablesen zu können, finde ich immer wieder sehr schön. Man sieht einem Material am, wie es in der Natur funktioniert und wie es benutzt wird, wie es verarbeitet wurde und ob es seine Aufgabe erfüllt. Ich denke, in Würde altern ist sehr erstrebenswert. Das gilt auch für Baumaterialien.

SF: Wie stehst Du zum Upcycling-Gedanken? Du setzt z. B. historische Fenster wieder in Neubauten ein.

R: Jeder Wiederaufbau oder Weiterbau im Bestand und jeder respektvolle Umgang mit bestehenden Bauwerken hilft, unsere Ressourcen zu schonen. Dennoch ist beim Thema Upcycling wichtig, dass Gebäude, Bauteile oder Materialien sinnvoll wiederverwendet werden, damit sie ihre zukünftigen Funktionen optimal erfüllen.

SF: Laden hochwertige Materialien mehr dazu ein, repariert zu werden?

R: Reparieren hat etwas mit Wertschätzung zu tun. Aus meiner Sicht sollten am besten von Anfang an hochwertige Materialien ausgewählt werden, damit Bauteile möglichst lange Freude bereiten. Minderwertige Materialien sind meist eh nicht zu reparieren oder den Mehraufwand nicht wert.

SF: Natürliche Werkstoffe verlangen unter Umständen mehr Aufmerksamkeit und Behandlung. Wie wichtig ist dir Achtsamkeit in Bezug auf Baumaterialien?

R: Achtsamkeit ist für mich die Grundvoraussetzung für jedes Tun. Bauen ist ein längerfristiger Prozess, bei dem viel nachgedacht, entwickelt und verworfen wird. Dabei spielt Zeit eine wichtige Rolle, um den Wesenskern des Vorhabens herauszuarbeiten. Das ist fast schon ein philosophischer Aspekt: Erfahrungsgemäß bin ich erst dann mit einer Entwicklung zufrieden, wenn mein Gefühl in diesem Prozess stimmt.

SF: Macht bauen glücklich?

R: Aus meiner Sicht ja. Handwerklich und planerisch tätig zu sein, beinhaltet für mich, ganz im Hier und Jetzt und bei der Sache zu bleiben. Ich vergesse dann die Zeit. Es ist die Qualität des Tuns selbst, die mich persönlich glücklich und zufrieden macht.

Holzlatten

Platten

Gewebe

Kisten

KEEP IT SIMPLE
Wir haben ausschließlich
Materialien verwendet, die Sie
in jedem gut sortierten
Baumarkt bekommen.

DAS MATERIAL

Balkonmöbel sind Wind, Sonne, Regen und Schnee ausgesetzt. Deshalb kommen Materialien zum Einsatz, die wetterbeständig sind oder mit Wetterschutz-Lack, Öl oder Wachs wetterfest gemacht werden können.

HOLZLATTEN UND PLATTEN

Für unsere Frames-Rahmen verwenden wir vor allem Fichtenholz, das wir mit Wetterschutz-Lack farbig streichen. Natürlich können Sie auch wetterbeständige Hölzer wie z. B. Lärche verwenden, die ohne Schutzanstrich auskommen. Die Hölzer gibt es im Baumarkt mit einer Länge von 2 oder 3 m, und sie können im Holzzuschnitt oder zu Hause mit der Handsäge auf das richtige Maß gebracht werden.

Auch fast jedes Plattenmaß können Sie sich im Baumarkt zuschneiden lassen. Für alle Flächen kommen bei uns Sperrholz-Platten, genauer gesagt Multiplex- oder Siebdruck-Platten zum Einsatz – und zwar in den Stärken 18 mm und 21 mm. Diese Platten haben eine besondere Beschichtung, die das Holz vor Witterung schützt, und weisen eine raue und eine glatte Seite auf. Die Schnittflächen mit der markanten Schichtholz-Kante sollten mit Öl, Wachs oder Lack vor Nässe geschützt werden.

KISTEN

Die Kisten, die wir für unsere Balkonmöbel einsetzen, haben ein Maß von 70 x 35 cm (Länge x Breite) bzw. 35 x 35 cm bei einer Höhe von 32 cm. Wir haben die Kisten aus dem Baumarkt („HolzZollhaus Holzkiste A 1/1" bzw. „A 1/2" bei Bauhaus). Sie können genausogut andere Kisten mit den entsprechenden Maßen verwenden. Diese sollten allerdings stabil genug sein, vor al-

lem wenn sie als Hocker ein gewisses Gewicht halten müssen. Das Holz der Bauhaus-Kisten ist unbehandelt und kann mit transparentem Sprüh Lack oder mit Öl wetterfest gemacht werden. Ein Witterungsschutz ist nicht immer zwingend notwendig, da die Kisten meistens durch einen Deckel oder unter einer Bank gut vor Wind und Wetter geschützt sind.

POLSTER UND TEPPICHE

Die Polster für unsere Möbel können Sie in jedem Baumarkt kaufen, da wir uns über die Standard-Maße informiert und die Bauteile entsprechend angepasst haben. Sie sollten auf alle Fälle outdoor-geeignet sein. Mittlerweile gibt es auch Outdoor-Teppiche in vielfältigen Farben und Designs – eine schöne Alternative für Ihren Balkonboden.

SCHRAUBEN

Zum Verbinden der Platten und Hölzer verwenden wir vorzugsweise Schrauben der Firma Spax mit den Maßen 4 x 70 mm, 4 x 35 mm und 4 x 20 mm. Das Besondere an diesen Schrauben ist u. a. die Geometrie von Gewinde und Kopf. Die Sternform im Schraubenkopf, bekannt als „Torx", erlaubt eine weitaus bessere Kraftübertragung wie z. B. ein Schlitz. Der entsprechende Bit nennt sich Torx-Bit.

Durch das spezielle Gewinde der Spax-Schrauben ist in den wenigsten Fällen ein Vorbohren der Hölzer und Platten notwendig, um ein Spalten oder Brechen des Holzes zu vermeiden. Da-

GREGORS TIPP
Markenqualität lohnt sich bei der Wahl von oft verwendeten Materialien!

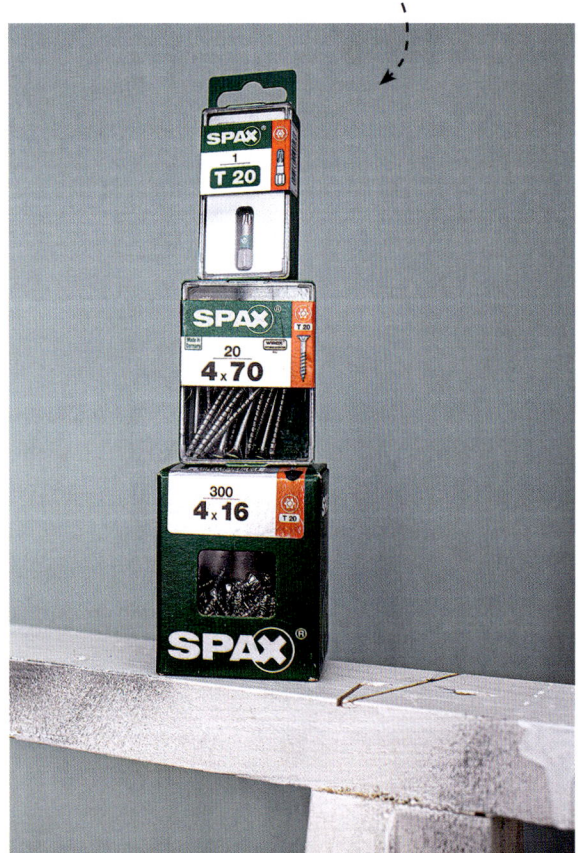

mit die Schrauben nicht zu tief im Holz versenkt werden und die Köpfe bündig mit der Oberfläche abschließen, sollten Sie die Drehmoment-Einstellung des Akkuschraubers auf das jeweilige Material einstellen (siehe Seite 20).

Bei all unseren Möbeln – mit Ausnahme des Stecksessels „Dr. Bö" (siehe Seite 68) – werden die Platten stumpf miteinander verschraubt: Das heißt, Sie müssen nur auf der Platten-Oberfläche vorbohren und können einfach in die Plattenkanten schrauben.

DÜBEL UND CO.

Bei unserem Stecksessel „Dr. Bö" (siehe Seite 68) haben wir mit lösbaren Dübel-Steckverbindungen gearbeitet, die durch einen Spanngurt zusammengehalten werden. Wird der Gurt gelöst, kann der Sessel schnell in seine Einzelteile zerlegt und platzsparend eingewintert werden. Für lösbare Verbindungen eignen sich am besten 40 mm lange Holzdübel. Für feste Verbindung von Holzteilen werden Holzdübel normalerweise beidseitig verleimt, bei lösbaren Verbindungen nur einseitig.

Vorgebohrt wird mit einem Holzbohrer, der denselben Durchmesser wie der Dübel hat. Um die optimale Tiefe beim Bohren zu halten, gibt es sogenannte Anschlagringe. Diese werden auf den Bohrer gesteckt und mittels Maden-Schraube arretiert. Wenn Sie mit dem Meterstab die Tiefe messen und den Ring festziehen, hat jedes Loch die gleiche Tiefe. Noch ein Tipp: Den Ring 2–3 mm tiefer einstellen, damit der Leim später noch Platz hat.

Für die genaue Position der Dübellöcher am Gegenstück sind Markierdornen (siehe Seite 19) sehr hilfreich: Diese Metallknöpfe besitzen eine

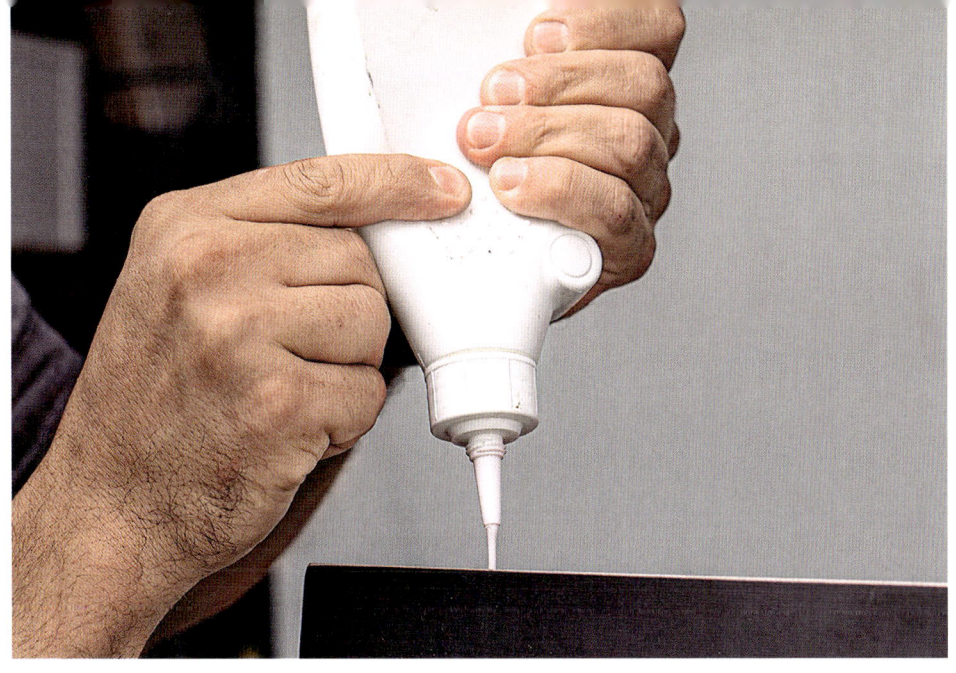

Für lösbare Dübel-Verbindungen werden Holzdübel nur einseitig verleimt. Achten Sie darauf, dass der Leim wasserfest ist.

kleine Spitze. Sie werden in das Bohrloch des Dübels gesteckt. Pressen Sie nun das Gegenstück auf, erhalten Sie die genaue Markierung der Bohrlöcher.

Beim Lackieren der Balkonmöbel mit einem Wetterschutz-Lack sollten Sie auf jeden Fall draußen arbeiten, damit eventuelle Dämpfe von Lösungsmitteln nicht in der Wohnung hängen bleiben. Bei klaren Lacken dunkelt das Holz etwas nach. Wenn Sie sich unsicher sind, ob das Endergebnis in Ihr Konzept passt, sollten Sie zuerst ein Teststück bearbeiten. Es gibt auch gute Öle mit Farbpigmenten auf Naturbasis, manche sind sogar lebensmittelecht. Öle können Sie genauso wie Lacke mit Rolle oder Pinsel auftragen.

Für die Leimverbindungen unserer Projekte brauchen Sie wasserfesten Leim. Hierzu eignen sich ein Standard-Weißleim, Fischleim oder sogenannter PUR-Leim. Tragen Sie am besten Handschuhe und alte Arbeitskleidung, wenn Sie mit Lack und wasserfestem Leim arbeiten!

BEFESTIGUNG, GEWEBE UND SCHNUR

Für die Befestigung der Rahmen an der Balkonbrüstung eignen sich lange Kabelbinder sehr gut. Hierzu jeweils ein Loch oben und unten in die Stützlatten des Rahmens bohren, den Kabelbinder durchfädeln und an einem stabilen Bauteil der Balkonbrüstung festzurren. Wenn es auf Ihrem Balkon sehr windig werden kann, sollten Sie mehrere Kabelbinder anbringen – gemäß dem Motto „viel hilft viel".

Für das Sichtschutz-Gewebe verwenden wir ein Fabrikat aus dem Internet. Das wetterbeständige Gewebe ist in diversen Durchsichtigkeits-Graden sowie in verschiedenen Farben erhältlich. Sie können es mit einem Tacker an der Rückseite der Rahmen befestigen. Den Überstand entfernen Sie einfach mit dem Cutter-Messer. Auch hier gilt es den Wind zu beachten! Da große Gewebe-Flächen wie Segel funktionieren, sollten Sie auf einem windigen Balkon mit zusätzlichen Klammern für Sicherheit sorgen.

Mögen Sie Kletterpflanzen? Dann können Sie ein oder auch zwei Rahmen in Rankgerüste verwandeln, indem Sie eine Schnur spannen – längst, quer, diagonal … Lassen Sie Ihrer Fantasie freien Lauf! Einfach 3-mm-Löcher in den Rahmen bohren, eine 3 mm dicke Gartenschnur aus Hanf oder Kunststoff durchfädeln, ein wenig spannen und an den Enden mit Tackerklammern sichern.

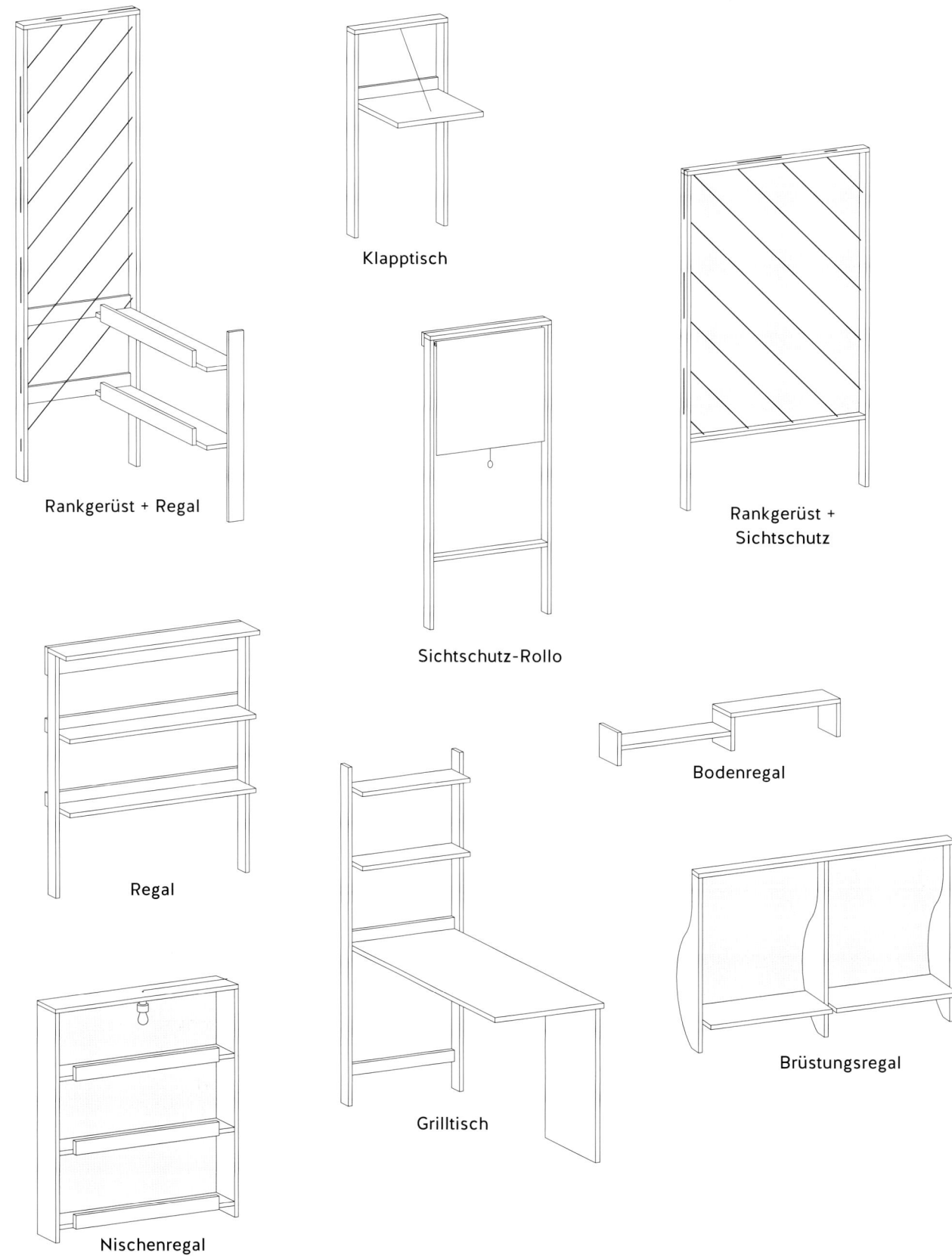

Klapptisch

Rankgerüst + Regal

Rankgerüst + Sichtschutz

Sichtschutz-Rollo

Regal

Bodenregal

Nischenregal

Grilltisch

Brüstungsregal

EIN RAHMEN FÜR ALLE FÄLLE

Frames

Balkone sind so unterschiedlich wie die Bedürfnisse ihrer Benutzer.
Unsere Frames-Konstruktionen definieren mithilfe einfacher Holzrahmen
neue Flächen, die Sie ganz nach Ihren Wünschen bestücken können.
Wir erklären Ihnen den Basis-Aufbau, zeigen Beispiele für individuelle
Ausstattungen und worauf beim Maßschneidern zu achten ist.

FRAMES – DER GRUNDRAHMEN

Die Maße können je nach Bedarf angepasst werden. Eine Höhe von 200 cm und eine Breite von 120 cm nicht überschreiten, sonst wird der Rahmen instabil! Bei einer Rahmenbreite über 120 cm benötigen Sie mindestens 2 Querlatten.

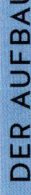

DER AUFBAU

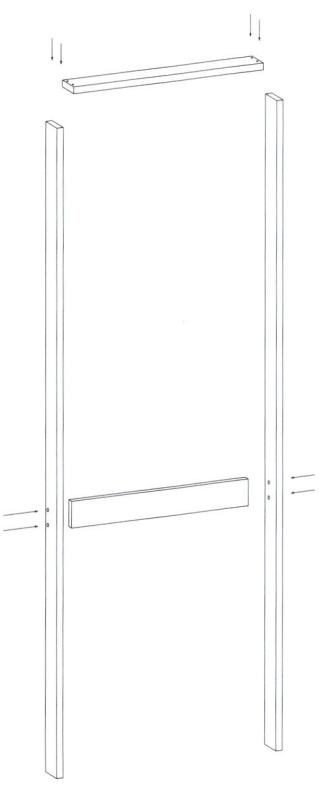

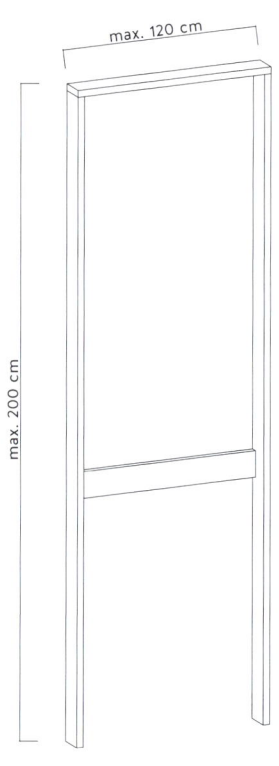

max. 120 cm

max. 200 cm

DAS MATERIAL

- 2 Fichtenlatten *(seitliche Stützlatten)*:
  Wunschlänge x 7,5 x 2 cm
- 1 Fichtenlatte *(Querlatte)*:
  Wunschlänge x 7,5 x 2 cm
- 1 Fichtenlatte *(Decklatte)*: [Querlatten-
  länge + 4 cm (= 2 x Stützlattenstärke) +
  evtl. Überstand (mind. 2 – max. 6 cm)]
  x 7,5 x 2 cm
- 8 Spax-Schrauben *(4 x 70 mm)*
- Wetterschutz-Farbe nach Wunsch
- Abdeckplane
- mind. 2–6 Kabelbinder *(30 cm lang)*

DAS WERKZEUG

- evtl. Handsäge
- 150er-Schleifpapier + Schleifklotz
- Akkuschrauber + Bits + evtl. Holzbohrer
- Lackrolle + Pinsel
- Wasserwaage
- ggf. Unterlegklötzchen

GRUNDRAHMEN – SO WIRD'S GEMACHT

Zuschnitt: Im Baumarkt oder selbst mit Handsäge und evtl. Sägelehre.
Vorbereitung: Flächen schleifen und später sichtbare Kanten brechen.

Schritt 1 Die Decklatte sollte mit den Rändern der Stützlatten abschließen oder sogar – wie ein schützendes Dach – beidseitig ein paar Zentimeter überstehen. Die Länge des Überstands können Sie ganz nach Ihrem Geschmack festlegen. Durch die Decklatte sind die Kanten der Stützen abgedeckt, und es kann keine Nässe eindringen. Beispiel: Beträgt die Länge Ihre Querlatte 80 cm, muss die Decklatte mindestens 84 cm lang sein (bei einer Stützlattenstärke von 2 cm).

KURZTIPP
Vor dem Zusammenbau das Schleifen und Anzeichnen nicht vergessen!

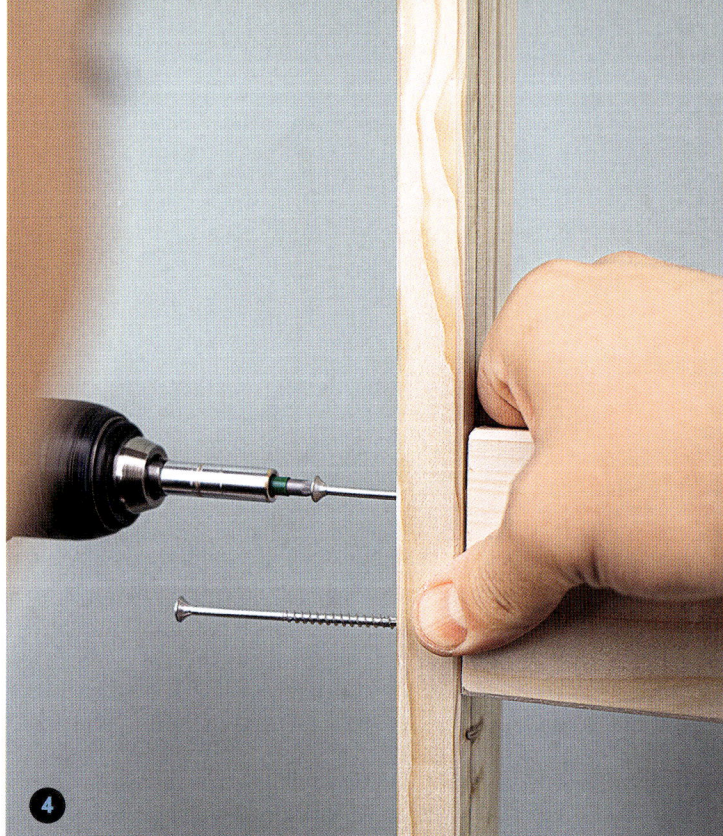

Schritt 4 Zum Auftragen der Wetterschutz-Farbe den Rahmen am besten aufrichten und Abdeckplane unterlegen. Tragen Sie den Lack mit der Lackrolle in zwei dünnen Schichten auf, dicke Lackanstriche halten nicht gut. Arbeiten Sie zügig und gleichmäßig. Kanten und Ecken mit dem Pinsel nachbessern. Zwischen dem Erst- und Zweitanstrich 60 Minuten warten. Danach 60 Minuten trocknen lassen.

Schritt 2 Die Stützlatten auf den Boden legen. Die Querlatte als Abstandhalter passgenau zwischen die Stützlatten an der gewünschten Stelle positionieren. Die Decklatte anlegen und so ausrichten, dass der eventuelle Überstand auf beiden Seiten gleich groß ist.

Schritt 3 Die Latten werden jeweils mit 2 Schrauben pro Verbindungsstelle verschraubt. Mit etwas Gefühl und der richtigen Akkuschrauber-Einstellung ist kein Vorbohren nötig. Zuerst die Decklatte von oben mit den Kanten der Stützen verschrauben (3). Anschließend die Querlatte bündig mit der hinteren Längskante der Stützen verschrauben (4). Regalböden werden auch wie Querlatten montiert (siehe Seite 32).

info

Wann sind mehrere Querlatten nötig?
Die Querlatte stabilisiert die Konstruktion. Bei höheren und breiteren Frames empfehlen wir unten zwei Querlatten und gegebenenfalls noch eine in der Mitte – ebenso, wenn Ihr Rahmen durch Wind, Kletterpflanzen oder bei einem Kistenregal (siehe Seite 58) stärker belastet wird. Bildet eine Kiste den Sockel, reicht eine Querlatte in der Mitte.

Die Montage auf dem Balkon

Wählen Sie ein geeignetes, massives Bauteil auf Ihrem Balkon aus, um den fertigen Rahmen mit Kabelbindern fest und sicher zu installieren. Die Kabelbinder sollten mindestens 30 cm lang sein. Sie werden um die Stützlatten geschlungen oder durch Montagelöcher gezogen, die Sie vor dem Lackieren mit einem 8-mm-Holzbohrer in die Stützlatten bohren. Je nach Ausführung des Rahmens sollten Sie mindestens zwei, besser vier oder mehr Fixierungen verwenden.

Übrigens: Ein gut konstruierter Balkonboden hat ein Gefälle. Deshalb vor dem Fixieren der Rahmen Holzklötzchen oder Ähnliches unterlegen, und die Konstruktion mithilfe der Wasserwaage horizontal ausrichten. Das Ausgleichsmaterial idealerweise mit einer kleinen Schraube fixieren.

DIE FRAMES-WELT

Für jeden Balkon der richtige Rahmen! Ein vielseitig kombinier-
bares Grundsystem mit individuellen Möglichkeiten zur Ausstattung –
vom Klapptisch bis zum Sichtschutz ist alles erlaubt!

DAS MATERIAL

- Rollo mit Montageteilen
- Sichtschutz-Gewebe
- Vorhangstangen und Vorhänge nach Wahl
- robuste Gartenschnur oder dünnes Edelstahlseil
- Regalböden *(Stärke: 2 cm)*
- Pendelleuchte, Textilkabel und Fassung
- Multiplex-Platten für Tische und Co.
- Boxen als Regale und als Sockel

DIE MÖGLICHKEITEN

- Sichtschutz mit Rollo
- Sichtschutz mit fester Bespannung *(Sichtschutz-Gewebe)*
- Sichtschutz mit Vorhang *(einfach eine Leiste montieren)*
- Rankgerüst *(mit Schnur oder Stahlseil)*
- Regale *(mit Regalböden oder Kisten)*
- Regaleinsätze für Brüstungen und Nischen
- Gerüste für Tische *(fix und zum Klappen)*
- vielseitig kombinierbar mit Boxen

In unsere Frames können Sie natürlich noch mehr Ausstattung einbauen, als auf den folgenden Seiten gezeigt wird. Wie Sie die Maße anpassen, haben wir bei allen Projekten und beim Grundrahmen erklärt. Was Sie einbauen möchten, überlegen Sie sich dann individuell. Oder Sie nutzen unsere Vorschläge, oft auch mit Detailplänen für „Einheitsmöbel" zum Download. Einfach loslegen – und dann mutig selbst kreativ werden!

SICHTSCHUTZ SCHAFFT PRIVATSPHÄRE UND FREIRAUM

Im Beispiel rechts wurden zwei Sichtschutz-möglichkeiten über Eck gebaut: Mit einem Rollo bleiben Sie flexibel. Je nach Bedarf können Sie für Schatten oder mehr Privatsphäre auf Ihrem Balkon sorgen. Das Rollo lässt sich ganz einfach in den Rahmen montieren. Je nach Breite und Länge des Rollos wird der Rahmen in seinen Abmessungen angepasst.

Wenn Sie sich dezent aber dauerhaft vor starker Sonneneinstrahlung und zu vielen Einblicken schützen wollen, bietet sich ein fest im Rahmen montiertes Sichtschutz-Gewebe an. Es spendet Schatten, sorgt für Privatsphäre und lässt trotzdem noch genügend Licht für Menschen und Pflanzen durch. So fühlen Sie sich auch auf einem kleinen Balkon nicht beengt.

Sichtschutz
in Aktion
ab den Seiten
192 und 212.

FREIRÄUME SCHÜTZEN
Sichtschutzwände und Schattenspender für kleine Balkone sollten leicht und flexibel sein, sonst engen sie optisch ein.

SICHTSCHUTZ-ROLLO – SO WIRD'S GEMACHT

Material: Wie Grundrahmen (S. 30), Rollo mit Montageteilen + zusätzliche Rücklatte
(Maße wie Decklatte), 4 Schrauben (4 x 70 mm), 10 Schrauben (4 x 30 mm).
Wichtig: Querlatte unten einsetzen. Wenn die Querlatte ca. 1 cm länger ist als die Rollobreite,
hat das eingesetzte Rollo beidseitig etwas Spiel.

Schritt 1 Grundrahmen bauen: Decklatte mit je 2 Schrauben (4 x 30 mm) oben in die Stützlattenkanten schrauben, Querlatte unten horizontal mit je 2 Schrauben (4 x 70 mm) befestigen. Zum Schutz der Rollo-Mechanik wird die Rücklatte mit je 2 Schrauben (4 x 30 mm) in die Stützlattenkante und mit 2 Schrauben (4 x 30 mm) in die Kante der Decklatte geschraubt.

Schritt 2 Beim Rollokauf werden Montagewinkel und Schrauben mitgeliefert. Winkel in den Rahmen schrauben, Rollo einsetzen – fertig!

JE NACH BEDARF!
Rollos sorgen für Schatten und Sichtschutz und werden im Winter einfach ausgeklinkt.

LICHTDURCHLÄSSIGER SICHTSCHUTZ – SO WIRD'S GEMACHT

Material: Wie Grundrahmen (S. 30), Sichtschutz-Gewebe, Tacker mit Klammern, Cutter-Messer.
Wichtig: Querlatte unten einsetzen. Windverhältnisse bei der Planung bedenken. Je mehr Sicht-schutzfläche, desto größer der Druck.

Schritt 1 Grundrahmen (Bauanleitung siehe S. 30) abmessen, Sichtschutz-Gewebe großzügig zu-rechtschneiden und mit dem Tacker an der Rückseite des Rahmens befestigen. Beim Span-nen des Materials nicht zu viel Zug ausüben, da das Gewebe sonst Falten wirft (siehe Seite 21).

Schritt 2 Überstehendes Gewebe mit dem Cut-ter-Messer abschneiden. Achtung: Dabei nicht die Lackschicht verletzen, sonst dringt mit der Zeit Wasser ins Holz ein.

SONNE & SCHUTZ
Das Gewebe schirmt ab und lässt trotzdem Licht durch!

Ums Eck montiert

Da auf Igors Balkon neben seiner kletterfreudigen Clematis noch zahlreiche Topfpflanzen Platz brauchen, haben wir das Rankgerüst um ein seitlich angeschlossenes Regal erweitert.

Zuerst das Rankgerüst bauen. Das Regal wird über Eck angebaut, sodass sich Rahmen und Regal gegenseitig stabilisieren. Die beiden tiefen Regalböden werden an den Querlatten des Rahmens befestigt: je 2 Schrauben (4 x 70 mm) von hinten durch die Querlatten in die Kante des Regalbodens schrauben.

Um Topfpflanzen vor dem Herunterfallen zu bewahren, gibt es zwei Sicherungslatten: Sie können etwas kürzer sein als die Regalböden und werden mit je 2–4 Schrauben (4 x 70 mm) vorne in die Kanten der Böden geschraubt. Dadurch werden die Böden zusätzlich stabilisiert und biegen sich auch bei schwereren Pflanzentöpfen nicht durch.

Rankgerüst in Aktion ab Seite 94.

RANKGERÜST – SO WIRD'S GEMACHT

Material: Wie Grundrahmen (Seite 30) mit zusätzlicher Querlatte, ca. 10 m Gartenschnur (oder 1-mm-Edelstahlseil), Klebeband, Tacker (oder 2 kurze Schrauben).
Wichtig: Die Schnur nicht zu fest spannen, damit sich der Rahmen auf Dauer nicht verzieht.

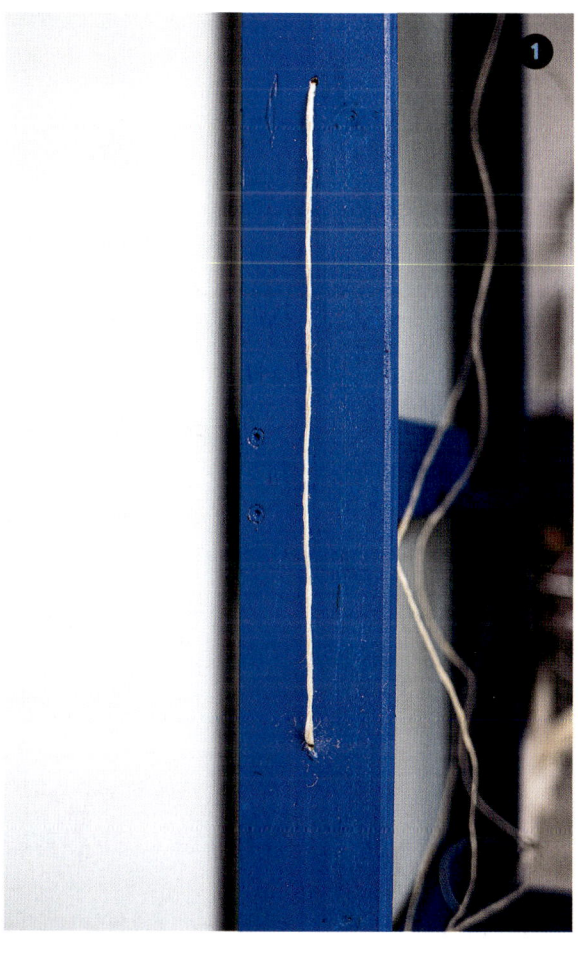

Schritt 1 Für die Bespannung des Rankgerüstes mittig Löcher in die Latten bohren: Das erste Loch in die Decklatte bohren. Die weiteren Löcher mit einem einheitlichen Abstand von ca. 15–20 cm in die rechte Stützlatte bohren. Für eine diagonale Bespannung das oberste Loch in der linken Stützlatte ca. 20 cm tiefer setzen, und die weiteren Löcher im gleichen Abstand wie rechts nach unten fortsetzen.

Schritt 2 Als Einfädelhilfe den Schnur-Anfang mit einem Stück Klebeband umwickeln. Gearbeitet wird von oben nach unten: Die Schnur von oben durch das Loch in der Decklatte fädeln. Das Schnur-Ende wird dort zum Schluss festgetackert. Schnur nach links unten führen und durch das oberste Loch der linken Latte ziehen. An der Außenseite nach unten führen und durch das nächste Loch wieder nach innen. Durch das oberste Loch der rechten Stützlatte fädeln. An der rechten Außenseite nach unten durch das nächste Loch nach links führen usw. Schnur abschneiden und oben und unten mit dem Tacker (oder den beiden kurzen Schrauben) fixieren.

REGAL – SO WIRD'S GEMACHT

Material: Wie Grundrahmen (S. 30), aber statt Quer- und Decklatte mit Regalböden, 3 zusätzliche Rücklatten, 8 Schrauben (4 x 70 mm), 22 Schrauben (4 x 30 mm).
Wichtig: Maße des Regals sowie Anzahl der Regalböden sind variabel. Das Regal sollte eine Breite von 100 cm, eine Höhe von 200 cm und eine Tiefe von 20 cm aus Stabilitätsgründen nicht überschreiten.

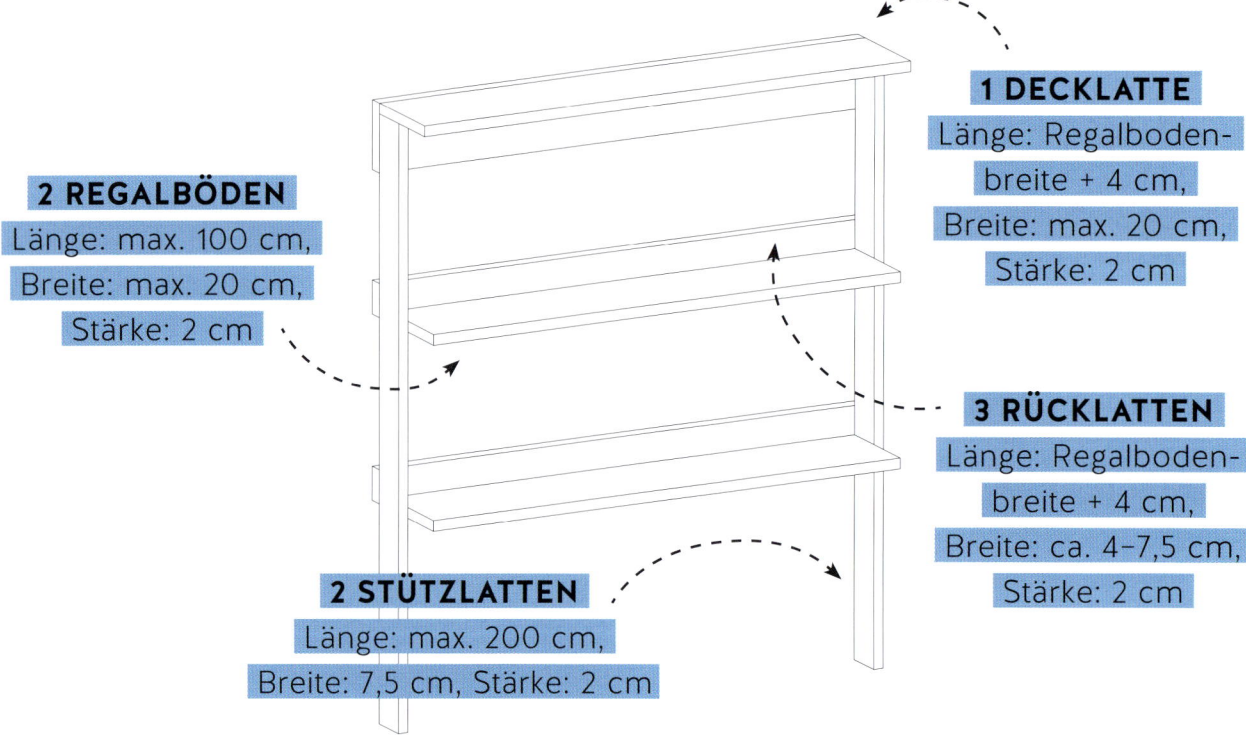

2 REGALBÖDEN
Länge: max. 100 cm,
Breite: max. 20 cm,
Stärke: 2 cm

1 DECKLATTE
Länge: Regalboden-breite + 4 cm,
Breite: max. 20 cm,
Stärke: 2 cm

3 RÜCKLATTEN
Länge: Regalboden-breite + 4 cm,
Breite: ca. 4–7,5 cm,
Stärke: 2 cm

2 STÜTZLATTEN
Länge: max. 200 cm,
Breite: 7,5 cm, Stärke: 2 cm

Schritt 1 Der Regalaufbau gleicht der Konstruktion des Grundrahmens (Seite 30). Beim Abmessen Folgendes berücksichtigen: Ähnlich wie die Grundrahmen-Querlatten werden die Regalböden – in horizontaler Ausrichtung – zwischen die Stützlatten montiert. Der oberste Boden liegt wie die Grundrahmen-Decklatte auf den Stützlatten auf. Regalböden schließen rückseitig bündig ab. Zur Aussteifung dienen die Rücklatten, die an der Rückseite des Regals bündig mit der Regal-Oberkante bzw. bündig mit den Regalböden-Unterkanten abschließen (1).

Schritt 2 Zur Montage die Stützlatten auf den Boden legen und die Böden als Abstandhalter dazwischen platzieren. Den obersten Regalboden („Decklatte") bündig anlegen und mit je 2 Schrauben (4 x 30 mm) pro Verbindungsstelle von oben in die Kanten der Stützlatten schrauben.

Regal in
Aktion
ab Seite 141.

Schritt 3 Die beiden unteren Regalböden in die gewünschte Position bringen. Auf bündigen Abschluss mit der Regalrückseite achten. Je 2 Schrauben (4 x 70 mm) pro Seite von außen durch die Stützlatten in die Kanten der Böden schrauben.

Schritt 4 Die 3 Rücklatten werden jeweils beidseitig mit 2 kurzen Schrauben (4 x 30 mm) in die Kanten der Stützen und mit 2 kurzen Schrauben (4 x 30 mm) in die Kanten der Regalböden geschraubt.

BRÜSTUNGSREGAL MASSSCHNEIDERN – SO WIRD'S GEMACHT

Material: Wie Grundrahmen (Seite 30), mit Regalböden und formangepassten Stützlatten, 2 kurze Kanthölzer als Auflage für Regalböden (ca. 3 x 3 cm), Kabelbinder, 10 Schrauben (4 x 70 mm), 8 Schrauben für Kantholzverbindungen (3 x 40 mm), ggf. Sichtschutz-Gewebe.
Wichtig: Sie brauchen hierfür eine Stichsäge und etwas handwerkliches Geschick.

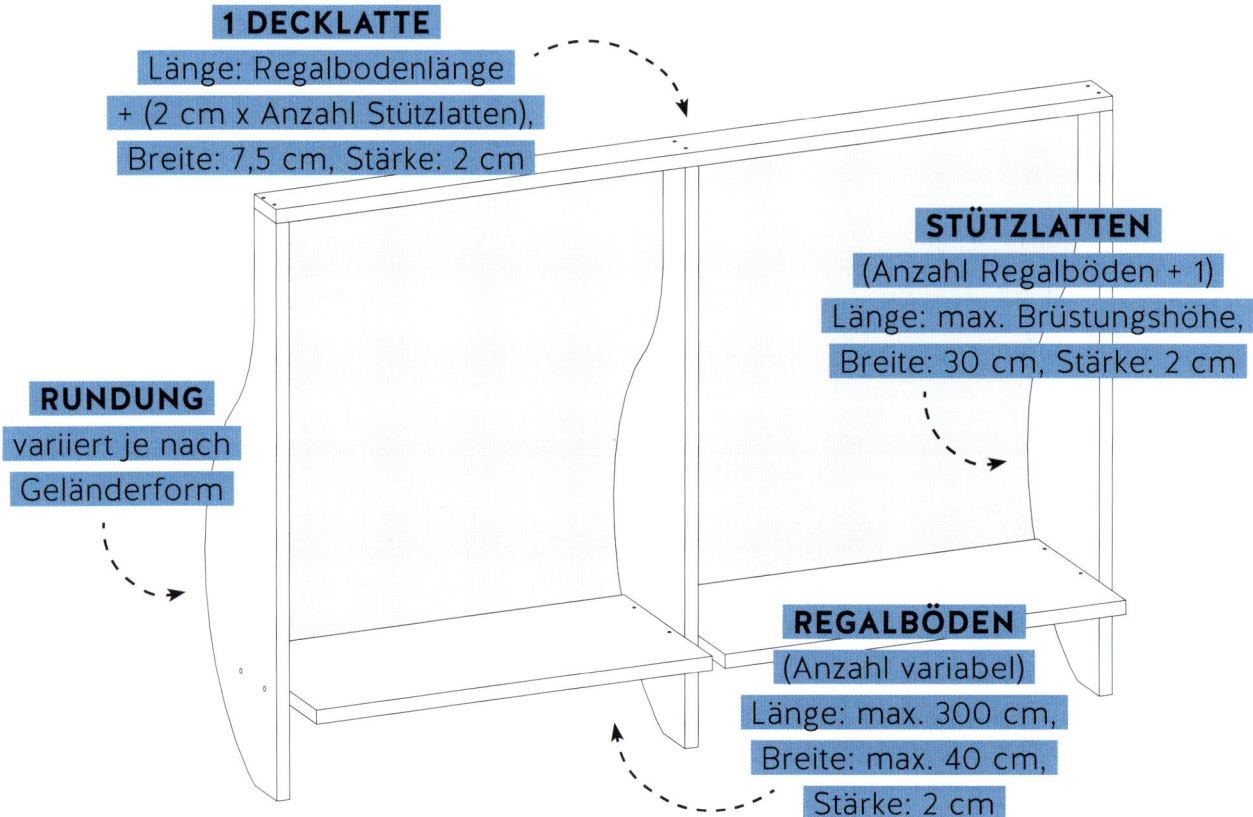

1 DECKLATTE
Länge: Regalbodenlänge
+ (2 cm x Anzahl Stützlatten),
Breite: 7,5 cm, Stärke: 2 cm

STÜTZLATTEN
(Anzahl Regalböden + 1)
Länge: max. Brüstungshöhe,
Breite: 30 cm, Stärke: 2 cm

RUNDUNG
variiert je nach
Geländerform

REGALBÖDEN
(Anzahl variabel)
Länge: max. 300 cm,
Breite: max. 40 cm,
Stärke: 2 cm

Schritt 1 Stützlatten-Bretter in die Brüstung schieben. Profil übertragen und mit der Stichsäge ausschneiden. Kanten schleifen.

Schritt 2 Die Regalböden schließen rückseitig mit den Stützlatten ab und ragen je nach Regaltiefe über die Vorderkante hinaus. An der mittleren Stützlatte beidseitig auf Wunschhöhe der Regalböden die kurzen Kanthölzer anschrauben. Böden auflegen und mit je 2 Schrauben von oben mit dem Kantholz verbinden. 2 weitere Schrauben werden durch die seitlichen Stützlatten in die Kanten der Böden geschraubt. Auf den Böden können Sie Blumentöpfe abstellen. Je nach Balkonprofil können Sie weitere Böden einsetzen.

Schritt 3 Decklatte von oben mit je 2 Schrauben in die Kanten der Stützlatten schrauben. Ggf. nach dem Streichen Sichtschutz-Gewebe (Seite 37) an die Rahmenrückseite tackern. Mit Kabelbindern das Regal am Balkongeländer fixieren.

PASSGENAUES REGAL MIT LEUCHTE – SO WIRD'S GEMACHT

Material: Wie Regal (Seite 40), Pendelleuchte mit Textilkabel (z. B. Osram Vintage 1906 PenduLum gold E27), Glühbirne (z. B. Osram Vintage 1903 Edison, 7W), Nagelschelle (Ø 6 mm), Schutzkontakt-Stecker, ggf. Kunststoff-Hohlkammer-Platte als Sichtschutz.
Wichtig: Fassung nur an trockenen Stellen geeignet! An feuchten Balkon-Ecken IP Schutzart der Leuchten beachten. Stromanschluss auf dem Balkon erforderlich.

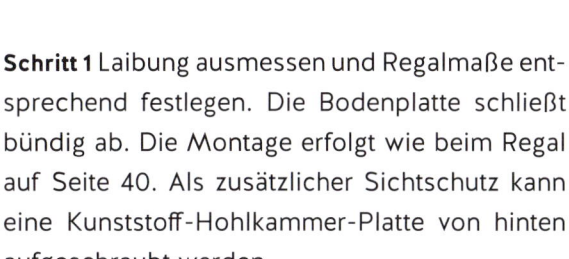

Schritt 1 Laibung ausmessen und Regalmaße entsprechend festlegen. Die Bodenplatte schließt bündig ab. Die Montage erfolgt wie beim Regal auf Seite 40. Als zusätzlicher Sichtschutz kann eine Kunststoff-Hohlkammer-Platte von hinten aufgeschraubt werden.

Schritt 2 In die Decklatte mit dem 8-mm-Holzbohrer ein Loch für das Leuchtenkabel bohren. Kabel durchfädeln, mit der Nagelschelle fixieren und Schutzkontakt-Stecker an das Kabel anschließen.

PASSGENAU EINGEBAUT
Tiefe Fenster-Laibungen
und Ähnliches bieten sich zum
Einbau von Regalen an.

Tisch und Ablage für ausgiebigen Grillspaß

Im Sommer wird auf dem Balkon von Familie Rutz gerne gegrillt (siehe Genuss-Balkon ab Seite 117). Als Abstellfläche für den Gasgrill und das Grillgut wird ein Frames-Element um eine große beschichtete Multiplex-Tischplatte erweitert, die auf der Balkonbrüstung aufliegt. Eine zweite Multiplex-Platte dient als zusätzliche Stütze und Blende, hinter der die Gasflasche sowie Getränkekästen gut versteckt und geschützt im Schatten stehen. Der Rahmen wurde um zwei Regalböden erweitert, damit Kräuter und Grill-Utensilien immer in greifbarer Nähe sind.

VORSICHT BRANDGEFAHR
Holzkohlegrills dürfen
nicht auf den Tisch!

*Grilltisch
in Aktion
ab Seite 122.*

GRILLTISCH-ANBAU – SO WIRD'S GEMACHT

Material: Wie Grundrahmen (Seite 30) mit 2 Querlatten, 2 Regalböden, 1 Multiplex-Tischplatte (variable Maße, Stärke: 21 mm), 1 Multiplex-Stützplatte (Länge = Höhe Balkonbrüstung, Breite variabel), Kantholz (3 x 3 cm), Sicherungslatte [(Tischplattenlänge – 20 cm) x 5 x 2 cm], 20–22 Schrauben (4 x 70 mm), 4–6 Schrauben für Kantholzverbindungen (4 x 40 mm), Kabelbinder.
Wichtig: Werden die maximalen Maße der Tischplatte (200 x 80 cm) überschritten, müssen Streben zur Versteifung untergebaut werden.

Schritt 1 Grundrahmen (Seite 30) ohne Decklatte, aber mit 2 Querlatten und 2 Regalböden (Seite 40) ausstatten. Die obere Querlatte so zwischen den Stützlatten montieren, dass ihre Unterkante der Höhe der Balkonbrüstung entspricht. Plattenmaße abmessen: Tischplattenbreite = Querlattenlänge. Die Länge der Tischplatte so wählen, dass die Platte vorne auf der Balkonbrüstung aufliegen kann. Stützplattenlänge = Balkonbrüstungshöhe, Stützplattenbreite = ca. ½ Tischplattenlänge.

Schritt 2 Mit dem 8-mm-Holzbohrer Löcher in die Sicherungslatte bohren, durch die am Ende die Konstruktion mit Kabelbindern an der Brüstung festgezurrt wird. An der Tischplattenunterseite – ca. 10 cm eingerückt – die Sicherungslatte

sowie die Stützplatte (auf der gegenüberliegenden Seite) über das Kantholz mit der Tischplatte verschrauben (1).

Schritt 3 Rahmen mit Tischkonstruktion verbinden: Tischplatte von hinten mit 4–6 Schrauben (4 x 70 mm) bündig mit der Unterkante der Querlatte verschrauben (2), sodass die Tischplatte auf der Brüstung aufliegen kann.

KLAPPTISCHANBAU – SO WIRD'S GEMACHT

Material: Wie Grundrahmen (Seite 30) mit mind. 1 Querlatte, mit 8 Schrauben (4 x 70 mm), 1 Multiplex-Platte (Breite: Querlattenlänge – 1 cm, Länge: variabel, Stärke: 18 mm), 2 Scharniere mit passenden Schrauben, 1 Schraubhaken, 1 Edelstahlseil (Länge ca. 50 cm, Ø ca. 1–1,5 mm) + 2 Seilklemmen (oder Bowdenzug mit Tonnennippel + 1 zusätzliche Seilklemme), Kabelbinder

Wichtig: Aus Stabilitätsgründen sollte die Tischplatte nicht länger als 60 cm sein und mit max. 6–8 kg belastet werden.

Schritt 1 Grundrahmen bauen (siehe S. 30), die Querlatte auf gewünschter Höhe für die Tischplatte anbringen. Schraubhaken mittig in die Decklatte schrauben als Aufhängung für das Halteseil der Tischplatte.

Schritt 2 Mit einem zum Durchmesser des Stahlseils passenden Holzbohrer ein Loch in die Mitte der Tischplatte bohren. Scharniere zuerst an die Unterkante der Tischplatte, dann an die Querlatte des Rahmens schrauben (1).

UPCYCLING
Ein Fahrradbremszug ist schon mit einem Tonnennippel als Stopper verpresst.

Schritt 3 Bei Halteseilen ohne Tonnennippel an einem Seilende die Seilklemme als Stopper anbringen. Das Seil von unten durch das Loch in der Tischplatte ziehen (2). Bei aufgeklappter Tischplatte die Position für die Halteschlaufe am oberen Seilende bestimmen. Halteschlaufe mit der zweiten Seilklemme feinjustieren und fixieren. Den Seilüberstand einfach mit einer Kombizange abknipsen.

KLAPPE AUF!
Der kleine Flexible für den Kaffee zwischendurch.

Klapptisch in Aktion ab Seite 204.

FRAMES-ABLAGE – SO WIRD'S GEMACHT

Material: Wie Grundrahmen (Seite 30), allerdings mit Lattenbreiten von ca. 17,5 cm, 8 Schrauben (4 x 70 mm), Wasserwaage und zusätzliche Schrauben (4 x 70 mm) oder Unterlegklötzchen zur Justierung.

Wichtig: Wenn ein Regalboden oder eine Decklatte länger als 1 m sein soll, muss ein Seitenteil als Zwischenstütze eingesetzt werden.

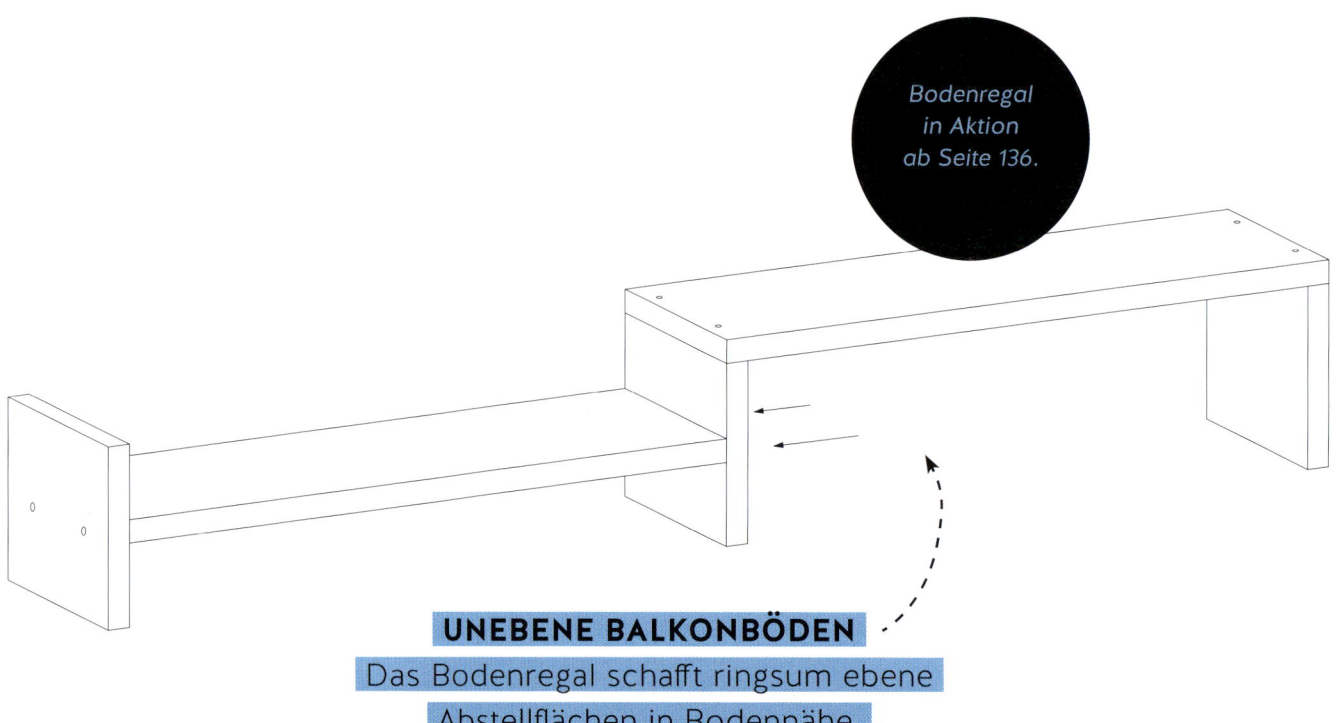

Bodenregal in Aktion ab Seite 136.

UNEBENE BALKONBÖDEN
Das Bodenregal schafft ringsum ebene Abstellflächen in Bodennähe.

Schritt 1: Wie beim Grundrahmen (Seite 30) werden die Decklatten von oben und die Regalböden von der Seite mit je 2 Schrauben pro Verbindung verschraubt. Mit diesem System können lange Strecken überbrückt werden.

Schritt 2: Zum Ausgleichen der Unebenheiten Schrauben als Justierfüße von unten in die Seitenteile schrauben. Mithilfe der Wasserwaage Schrauben nach Bedarf etwas rein- oder rausdrehen.

NOCH MEHR SPIELRAUM
Frames lassen sich
wunderbar mit Holzboxen
kombinieren.

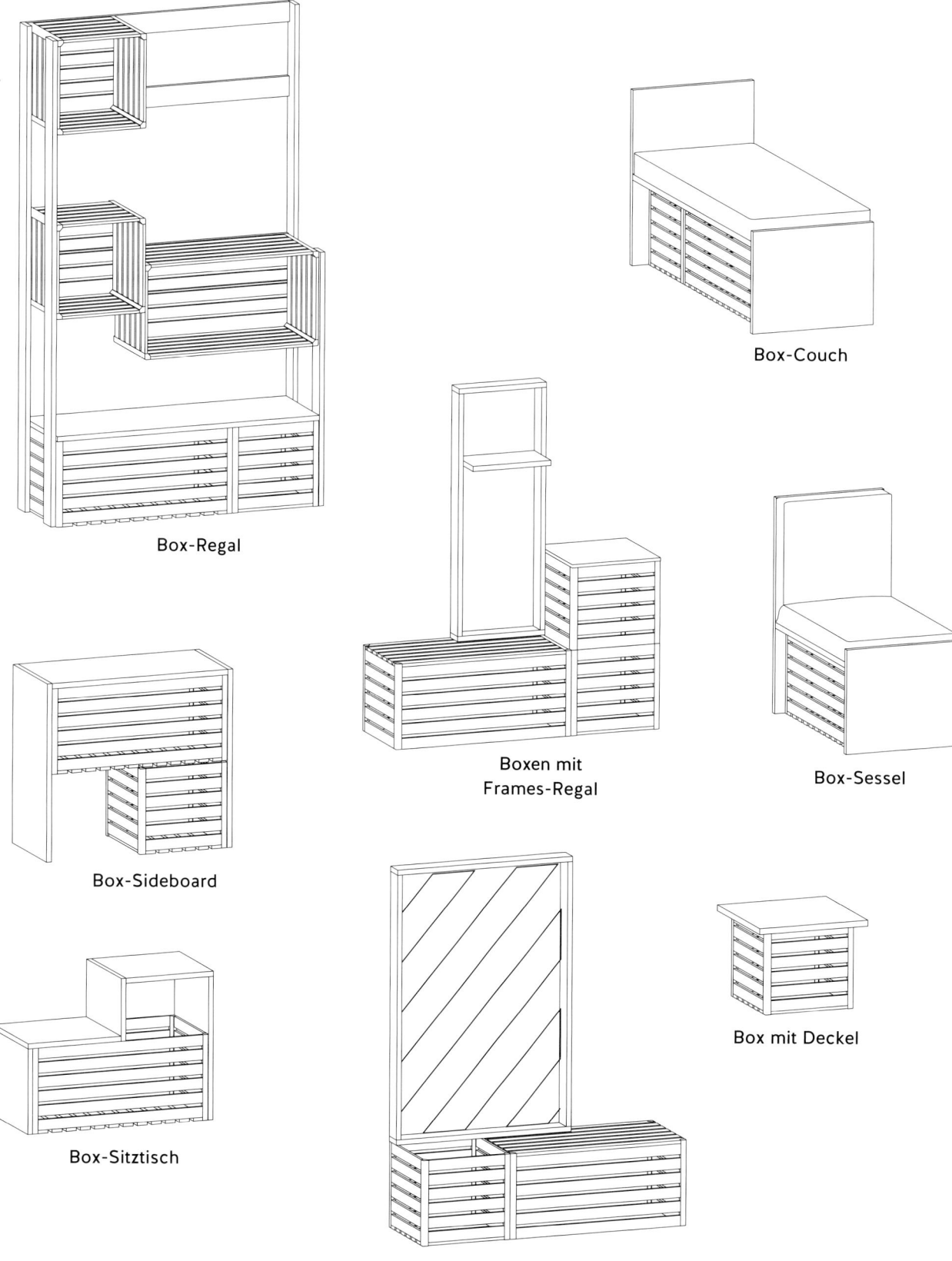

Box-Regal

Box-Couch

Boxen mit
Frames-Regal

Box-Sessel

Box-Sideboard

Box mit Deckel

Box-Sitztisch

Boxen mit Rankgerüst

RAUMWUNDER NACH DEM BAUKASTENPRINZIP

Die Box-Systeme

Stauraum auf dem Balkon ist Mangelware – und zu jeder Jahreszeit praktisch und sinnvoll. So bleibt der Balkon ordentlich und verwandelt sich nicht in einen trostlosen Outdoor-Lagerraum. Schöne Holzkisten sind dafür bestens geeignet. Wir haben Ideen entwickelt, die simple Ordnungshelfer in stylische Möbelstücke verwandeln.

DIE BOX-WELT

Beim Kauf der Boxen sind auf jeden Fall die Statik der Konstruktion sowie das Material zu beachten, da schließlich auf manchen Holzkisten Platz genommen wird. Bei unseren Projekten kommen deshalb hochwertige Holzkisten zum Einsatz, die zudem schön anzusehen sind.

DAS GRUNDMODUL

DAS MATERIAL

- „HolzZollhaus Holzkiste A 1/1":
  70 x 35 x 32 cm (*Länge x Breite x Höhe*)
- „HolzZollhaus Holzkiste A 1/2": 35 x 35 x 32 cm
  (*Kisten erhältlich bei Bauhaus*)
- alternativ: stabile Holzkisten in den
  entsprechenden Maßen
- ggf. Wetterschutzlack, um die unbehandel-
  ten Kisten witterungsbeständig zu lackieren

Boxen bepflanzen

Pflanzen machen sich besonders gut in den Boxen. Sie können einfach einen passenden Topf mit Untersetzer in die Box stellen. Oder die Box direkt bepflanzen: Dafür müssen Sie die Holzkiste mit Folie auskleiden und eine dicke Drainageschicht aus Blähton einfüllen.

Vorsicht beim Gießen! Sonst bekommen Sie nasse Füße und auch die Pflanzenwurzeln können Schaden nehmen.

BOXEN MIT FRAMES VERBINDEN – SO WIRD'S GEMACHT

Material: Wie Frames-Regal (Seite 40) mit zusätzlicher Decklatte als Sockel, quadratische und längliche Boxen (Seite 52), 12 bzw. 8 Schrauben (4 x 70 mm) für Frames-Konstruktionen, 7–12 Schrauben (4 x 20 mm) für Kistenverbindungen, ggf. Holzplatte für Deckel (Seite 61).
Wichtig: Aufgesetzte Frames-Elemente sollten aus Stabilitätsgründen nicht zu hoch sein und max. 2 Regalböden haben.

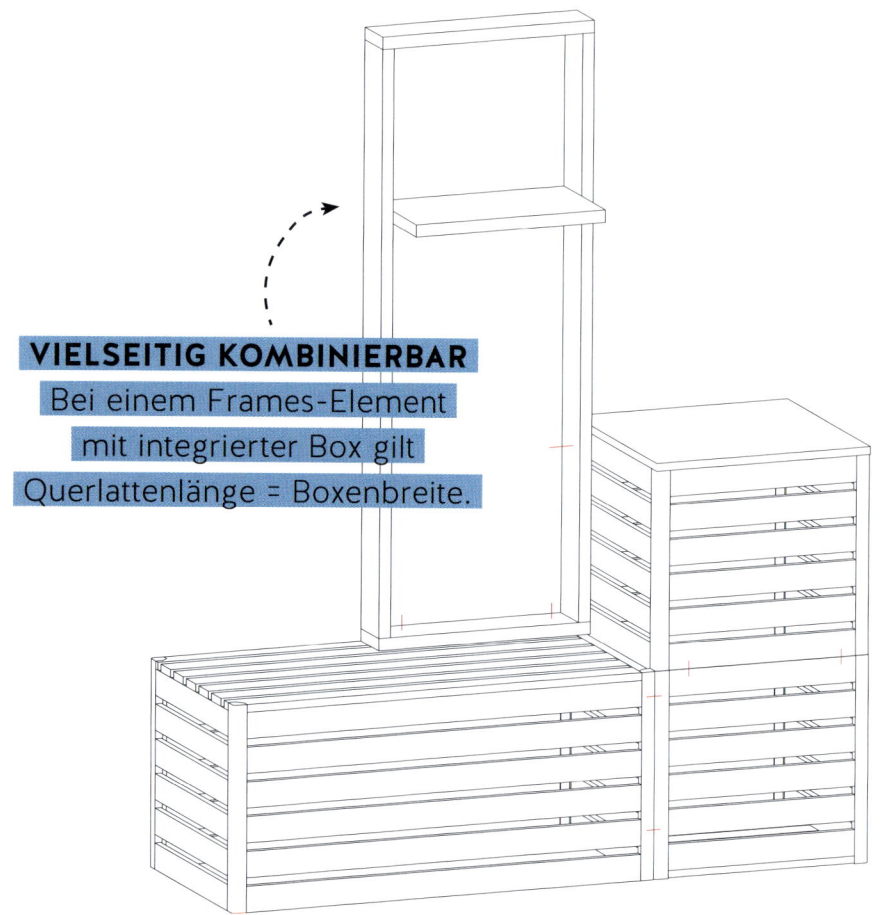

VIELSEITIG KOMBINIERBAR
Bei einem Frames-Element mit integrierter Box gilt Querlattenlänge = Boxenbreite.

Schritt 1 Mit 2–4 Schrauben (4 x 20 mm) lassen sich 1 quadratische und 1 längliche Box sicher verbinden. Mit der Öffnung nach unten werden die beiden Sockelboxen zur großen Ablagefläche. Auf die kleine Box wird mit 2–4 Schrauben (4 x 20 mm) eine 2. Box als Stauraum mit Deckel (siehe Seite 61) geschraubt.

Schritt 2 Ein Frames-Regal mit einer 2. Decklatte als Sockellatte wird mit 2 Schrauben (4 x 20 mm) auf der großen Box fixiert. 1–2 weitere Schrauben (4 x 20 mm) verbinden den Rahmen mit der Seitenbox. Schrauben Sie durch das Holz der Kisten in die Rahmenlatten! Dann sehen Sie später die Verschraubung nicht von außen.

Box-Regal
mit Frames-Regal
in Aktion
ab Seite 156.

HOCHREGAL
Bei Silvia wohnen hier Garten-
kräuter, die hoch hinauswollen.

Box-Regal
mit Frames-Rank-
gerüst in Aktion
ab Seite 156.

GESPANNT?!
Wie Sie ein Rankgerüst
richtig bespannen,
lesen Sie auf Seite 39.

Schritt 2 Bauen Sie ein Frames-Rankgerüst (Seite 38) mit einer 2. Decklatte als Sockellatte. Bei Rahmenmaßen größer als 150 x 150 cm sollten Sie eine Querlatte einplanen. Den Rahmen über die Sockellatte mit den Kisten verschrauben: 2 Schrauben (4 x 20 mm) in die Eckhölzer der kleinen Kiste, 2 Schrauben (4 x 20 mm) in die Latten der große Kiste.

Schritt 3 Wenn mehr Platz zum Ranken gewünscht ist, dehnen Sie den Rahmen über die längliche Box aus. Der Rahmen sollte dann auf dem Boden stehen und mit mindestens einer Querlatte ausgesteift werden. Er wird passgenau für die Gesamtlänge beider Boxen entworfen (Querlattenlänge = Boxengesamtlänge). Die Boxen in den Rahmen schieben und mit 4 Schrauben (4 x 70 mm) seitlich mit den Stützlatten verschrauben.

Schritt 1 Den Sockel bilden im Beispiel links 1 quadratische und 1 längliche Box. Die kleine Box ist für die Kletterpflanze gedacht (siehe dazu auch Tipp auf Seite 53), die große steht auf dem Kopf und sorgt für viel Ablagefläche. Sind Tiefe und Höhe der großen Kiste identisch, kann die große Box übrigens auch mit der Öffnung nach vorne positioniert werden. Sitzen sollten Sie dann aber darauf nicht. Beide Kisten mit 4 Schrauben (4 x 20 mm) verbinden.

Originell individuell

Wir haben die Rahmen farbig gestrichen und die Kisten im natürlichen Holzton belassen, weil uns der Kontrast gefällt. Ein transparenter Lack schützt das Holz der Boxen vor Witterung. Natürlich können die Kisten auch farbig gestrichen oder die Fronten mit Lärchenplatten verblendet werden.

DAS BOX-REGAL – SO WIRD'S GEMACHT

Material: Wie Grundrahmen (Seite 30) ohne Decklatte, mit 3 Querlatten und 2 zusätzlichen Stütz-latten, 12 Schrauben (4 x 70 mm), 2 quadratische und 2 längliche Boxen, 36 Schrauben (4 x 20 mm), ggf. Material für Deckel mit Halteleisten (siehe Seite 61).
Wichtig: Damit kein Übergewicht entsteht, in der unteren Regalhälfte mehr Kisten verbauen als oben.

Schritt 1 Im Beispiel rechts dienen 1 quadrati-sche und 1 längliche Kiste als Sockel. Diese mit 4 Schrauben (4 x 20 mm) verbinden (1).

Schritt 2 Grundrahmen (Seite 30) in der Breite des Sockels bauen, mit 3 Querlatten, die später der Boxen-Aufhängung dienen (Sockelbreite = Querlattenlänge). Die oberste Querlatte schließt bündig mit den Stützlatten ab, eine Decklatte ist überflüssig. Wenn gewünscht, Rahmen farbig lackieren.

Schritt 3 Den Sockel passgenau im Rahmen platzieren und mit je 2 Schrauben (4 x 20 mm) an den beiden Grundrahmen-Stützlatten befes-tigen. Tipp: Schrauben Sie durch das Holz der Box in die Rahmenlatten. Dann sehen Sie später die Verschraubung nicht von außen (2).

FÜR REGENBALKONE
Bevor Sie mit dem Verschrauben beginnen, können Sie Ihre Kisten mit transparentem Lack witterungsbeständig machen.

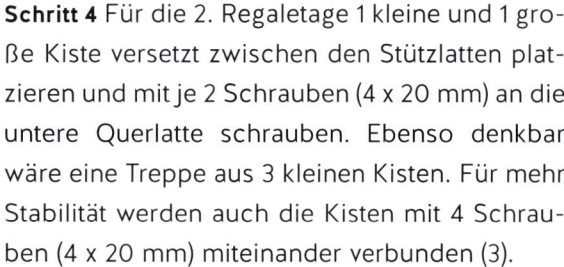

Schritt 4 Für die 2. Regaletage 1 kleine und 1 gro-ße Kiste versetzt zwischen den Stützlatten plat-zieren und mit je 2 Schrauben (4 x 20 mm) an die untere Querlatte schrauben. Ebenso denkbar wäre eine Treppe aus 3 kleinen Kisten. Für mehr Stabilität werden auch die Kisten mit 4 Schrau-ben (4 x 20 mm) miteinander verbunden (3).

Schritt 5 Eine kleine Box als 3. Regaletage wird an der linken Grundrahmen-Stützlatte platziert und mit je 2 Schrauben (4 x 20 mm) an der obe-ren und mittleren Querlatte befestigt. Die Quer-latten schließen mit der Ober- bzw. Unterkante der Box ab: Perfekter Halt für freischwebende Solokisten!

Schritt 6 Für noch mehr Stabilität sorgen 2 wei-tere Stützlatten, die bündig zur Regal-Vorder-

seite abschließen. Auf der linken Regalseite hat die zusätzliche Stützlatte dieselbe Länge wie die Grundrahmen-Stützlatten. Rechts endet die Zu-satz-Stützlatte auf Höhe der Boxen-Oberkante.

Schritt 7 Schrauben Sie alle Boxen-Elemente durch das Holz der Kisten mit je 4 Schrauben (4 x 20 mm) sowohl an die vorderen als auch an die hinteren Stützlatten.

info

Mut zur Farbe

Mit einem Deckel (siehe Seite 61) lassen sich die Utensilien in den Sockelboxen blickdicht verstauen (4). Und Sie gewinnen zusätzliche Ablagefläche! Für ein harmonisches Gesamt-bild können Sie den Deckel in der Rahmen-farbe streichen. Oder wollen Sie lieber mit einem kontrastreichen Anstrich individuelle Akzente setzen?

DECKEL-BOXEN – SO WIRD'S GEMACHT

Material: Beschichtete Multiplex- oder Vollholz-Platte (Fichte) im Format der Kiste, 2 Fichten- oder Buchenleisten (Stärke: 1 cm, Breite: 3 cm, Länge: etwas kürzer als Kisten-Innenmaß), 4 Schrauben (Leistenstärke + ½ Deckelstärke = Schraubenlänge)
Wichtig: Wählen Sie eine stabile Kiste, vor allem wenn diese als Sitzgelegenheit dienen soll.

SITZT PERFEKT
Die Leisten halten den Deckel an Ort und Stelle – fertig ist der Sitzplatz mit Stauraum.

Schritt 1 Die Deckel-Platte zuschneiden lassen (= Außenmaß der Kiste). Wenn die Box solo stehen soll, darf der Deckel gleichmäßig ringsum etwas überstehen – ggf. passend zu einem verfügbaren Polster. Kanten brechen, Fichtenholz-Platte bei Bedarf lackieren.

Schritt 2 Die Halteleisten an der Unterseite des Deckels sollten mit nur wenig Spiel zum Innenmaß der Kiste passen: Box-Innenkante – 2–4 cm = Lattenlänge. Leisten vorbohren und mit je 2 Schrauben an die Deckelunterseite schrauben.

BOX-COUCH – SO WIRD'S GEMACHT

Material: 2 quadratische Boxen (alternativ: 1 längliche Box), Outdoor-Polster, 4 Multiplex-Platten (Stärke 21 mm): 1 Sitzplatte (Polsterbreite x Länge Sitzfläche), 1 Frontplatte [Polsterbreite x Kistenhöhe + ca. 7 cm (Plattenstärke + Überstand)], 1 Rückenplatte (Polsterbreite x Kistenhöhe + Restlänge Polster), 1 Stabilisierungsplatte (Breite: ca. 15 cm x Sitzflächenlänge), 12 Schrauben (4 x 70 mm).

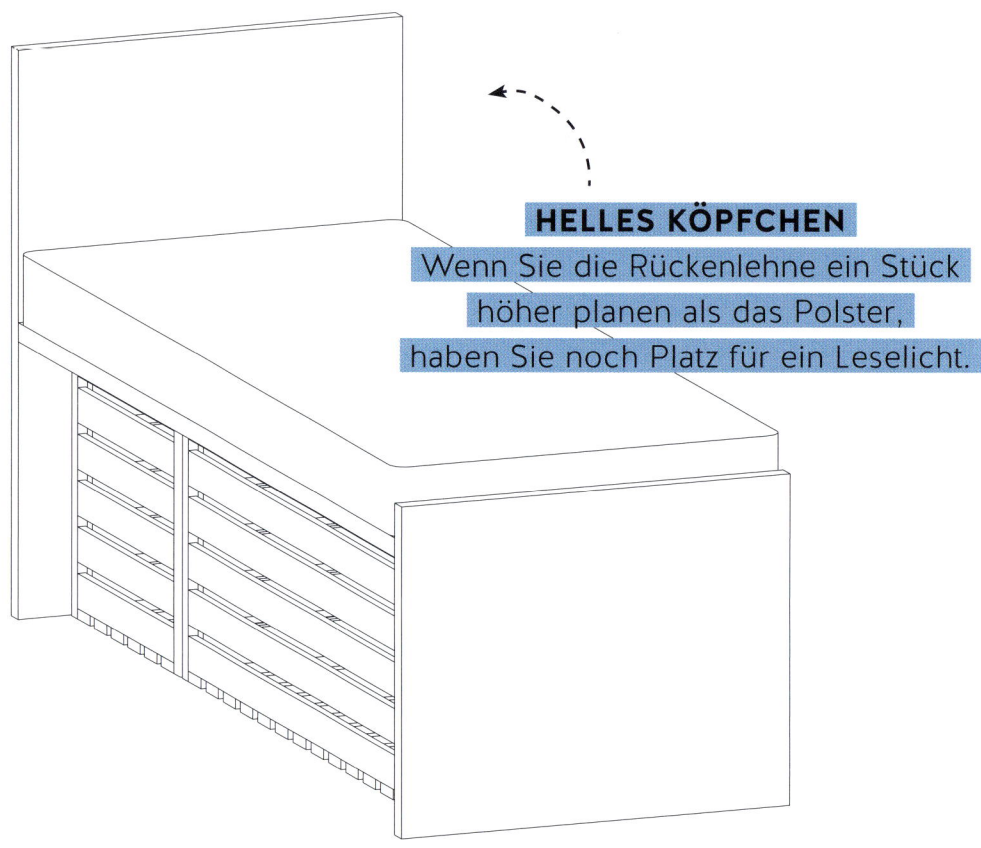

HELLES KÖPFCHEN
Wenn Sie die Rückenlehne ein Stück höher planen als das Polster, haben Sie noch Platz für ein Leselicht.

Schritt 1: Überlegungen: Wollen Sie eine Box-Couch wie im Beispiel mit 2 quadratischen Kisten? Oder einen Sessel mit nur 1 quadratischen Box? Den Plan für eine extra lange Couch finden Sie rechts zum Download.

Schritt 2 Planung und Einkauf: Für Gemütlichkeit sorgt ein Polster, das Sitzfläche und Rücken-lehne bedeckt. Die Boxen sowie das geeignete Outdoor-Polster bekommen Sie im Baumarkt. Die genauen Maße der Couch richten sich nach der Länge und Breite des verfügbaren Polsters und der verfügbaren Kisten. Beachten Sie, dass Polster und Sitzfläche mindestens 21 mm (= Stär-ke Sicherungsplatte) breiter sind als die Tiefe der Boxen!

Schritt 3 Konstruktion: Alle Kanten der zuge-
schnittenen Multiplex-Platten brechen. Rückenplatte und Frontplatte werden mit je 4 Schrauben
in die Kanten der Sitzplatte geschraubt. Damit
die Kisten widerstandslos unter die Couch geschoben werden können, sollten Sie ein paar
Millimeter Spiel zwischen Sitzfläche und Kistenhöhe einplanen.

Schritt 4 Die Stabilisierungsplatte steift die Konstruktion aus – wie die Querlatte beim Grundrahmen. Mit je 2 Schrauben wird sie rückseitig
unterhalb der Sitzplatte mit der Rücken- und der
Frontplatte verschraubt. Sie verhindert zudem,
dass die Kisten nach hinten durchrutschen.

Sitzbank
in Aktion
ab den Seiten
120 und 204.

RUTSCHFEST
Die überstehende Frontplatte
hält das Polster in Position.

BOX-SIDEBOARDS UND CO. – SO WIRD'S GEMACHT

Material Sideboard: Boxen nach Wunsch: z. B. quadratische Box: 35 x 35 x 32 cm, längliche Box: 70 x 35 x 32 cm (Länge x Breite x Höhe). 3 Multiplex-Platten (Stärke: 18 mm): 1 Deckplatte (35 cm x Gesamtbreite Kisten), 2 Stützplatten (35 cm x [Gesamthöhe Kisten + 5 mm Spiel zwischen den Boxen + ca. 18 mm Überstand], 8 Schrauben (4 x 20 mm).
Wichtig: Für eine stabile Konstruktion wird die längliche Box mit den Stützplatten verschraubt.

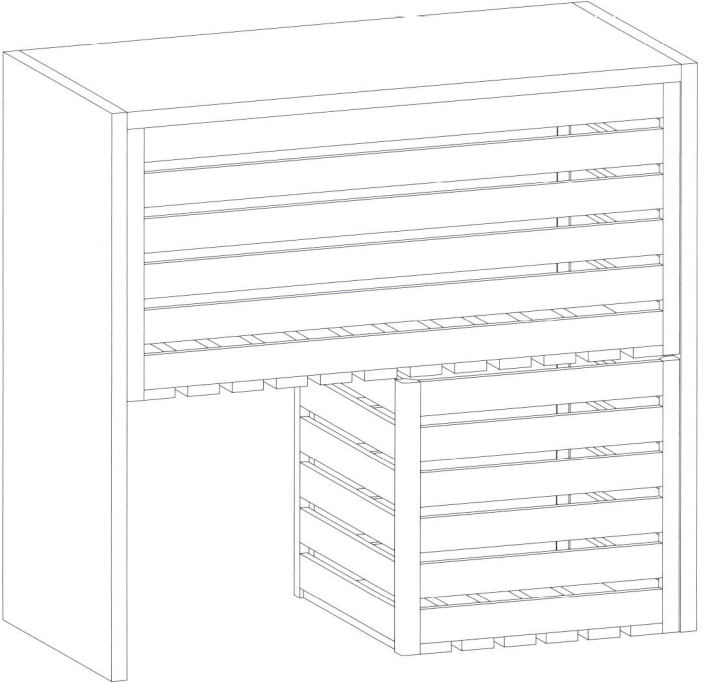

Schritt 1 Im vorgestellten Sideboard sind beide Boxen nach oben offen. Die Stützplatten werden mit 18 mm Überstand (Plattenstärke Deckplatte) beidseitig mit je 4 Schrauben (4 x 20 mm) durch das Holz der oberen Box fest verschraubt.

Schritt 2 Damit die obere Box als Stauraum genutzt werden kann, liegt die Deckplatte nur auf und kann bei Bedarf abgenommen werden. Die untere Box wird nicht verschraubt und bleibt zum Verstauen von Utensilien beweglich.

Kreativität erlaubt!
Bei den Box-Sideboards dürfen Sie sich kreativ ausleben! Sie wollen beispielsweise oben lieber 2 kleine Boxen, und beide mit der Öffnung nach vorne, um Accessoires sichtbar unterbringen zu können? Dann müssen Sie nur beachten, dass nun die Kistenhöhe (32 cm) entscheidend für die Maße der Seiten- und Deckplatte ist.

Schritt 1 Für einen Box-Sitztisch wird das Box-Sideboard (Seite 64) einfach um einen Tischaufbau erweitert. Bei einer länglichen Box (70 x 35 x 32 cm) ergeben sich folgende Maße für die Multiplex-Platten (Stärke 18 mm): 1 kurze Seitenwand (35 x 32 cm), 1 lange Seitenwand (35 x 50 cm), 1 Sitzplatte (35 x 36,8 cm), 1 Tischstütze (35 x 19,8 cm), 1 Tischplatte (35 x 35 cm).

Schritt 2 Hier sind alle Teile fest verbunden: Zuerst die beiden Seitenwände mit je 4 Schrauben (4 x 20 mm) von innen durch das Holz der Box festschrauben. Dann die Sitzplatte bündig auf die Box legen und mit 2 Schrauben (4 x 70 mm) von oben in die Kante der Seitenwand schrauben. Die Tischstütze wird mit jeweils 2 Schrauben (4 x 70 mm) in die Kante der Sitzplatte sowie in die Tischplattenkante geschraubt. Abschließend die Tischplatte mit 2 weiteren Schrauben (4 x 70 mm) von oben mit der Kante der langen Seitenwand verbinden.

STABILER SITZ MIT STAURAUM
Dank der großen Lücke unter dem Tischaufbau lassen sich bequem Dinge in der Box verstauen.

Box-Sitztisch in Aktion ab Seite 216.

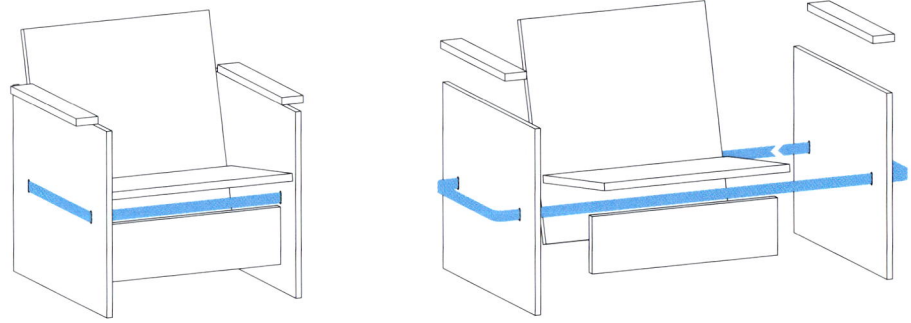

Stecksessel „Dr. Bö"

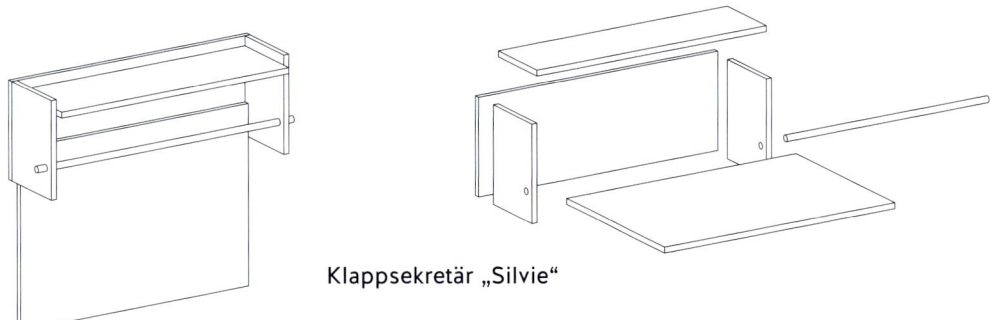

Klappsekretär „Silvie"

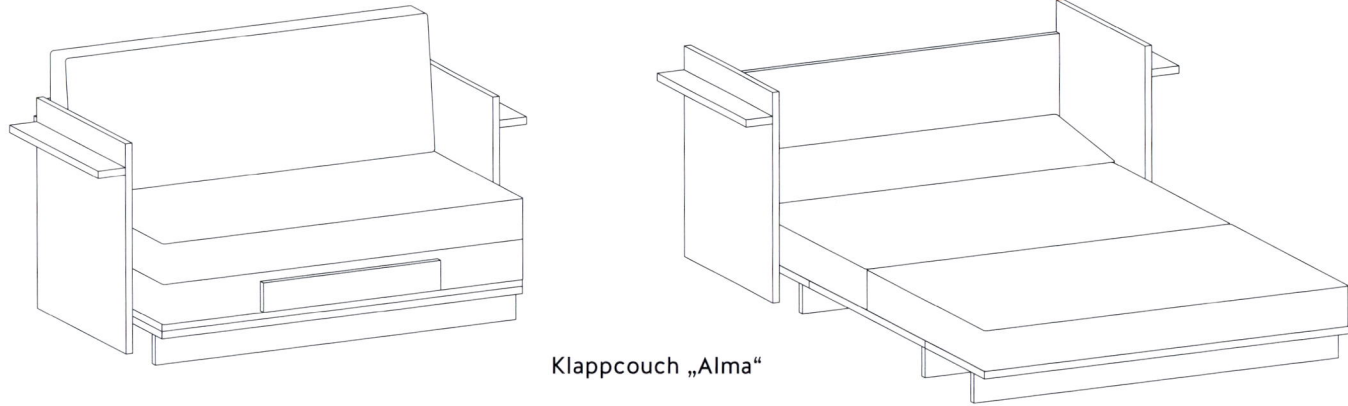

Klappcouch „Alma"

UNVERZICHTBARE EINZELSTÜCKE

Fliegende Bauten

Wir haben drei etwas komplexere Projekte entwickelt, die unserer Meinung nach in diesem Buch nicht fehlen dürfen. Sie sind nicht nur unglaublich vielseitig, sondern auch verdammt bequem und im Handumdrehen platzsparend verkleinerbar. Drei kreative Herausforderungen, mit denen Sie Ihre handwerklichen Fertigkeiten spielend erweitern.

STECKSESSEL „DR. BÖ"

*Ein echtes Charakter-Möbel und dank des markanten Spanngurts einfach auf-
und abzubauen. Die Armlehnen eignen sich bestens zum Abstellen von Cocktails,
Kaffee und Co. Im Winter wird „Dr. Bö" einfach zerlegt und verstaut.*

DER AUFBAU

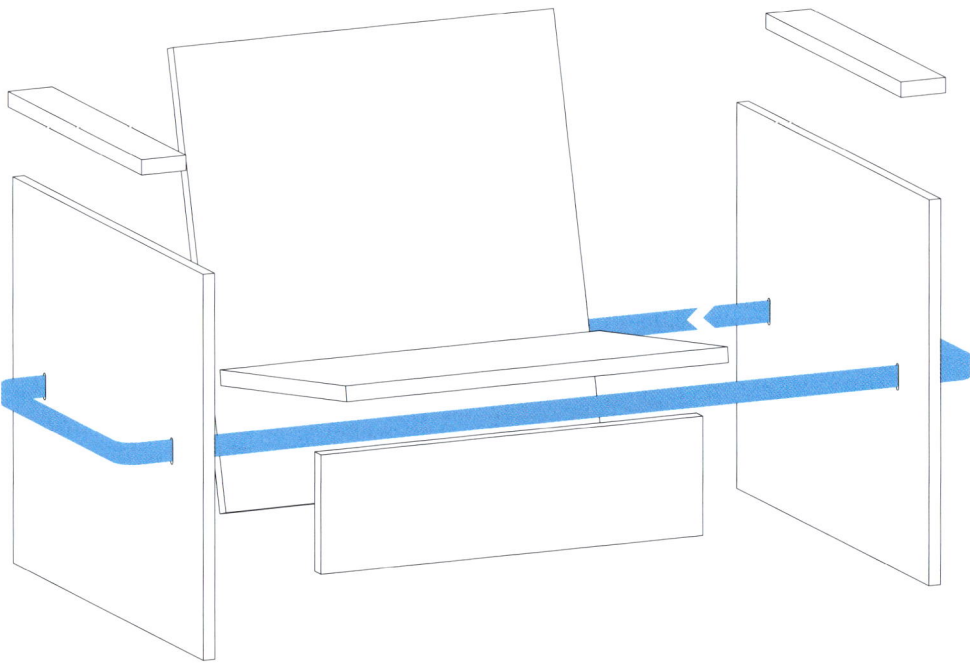

DAS MATERIAL

- beschichtete Multiplex-Platten
  (Stärke: 18 mm):
  - 2 Sesselseiten: 55 × 67 cm
  - 1 Sitzfläche: 45 × 60 cm
  - 1 Rückenlehne: 65 × 60 cm
  - 2 Armlehnen: 47 × 7 cm
  - 1 Querstrebe: 17 × 60 cm
- Spanngurt *(3 cm breit, mind. 2 m lang)*
- 14 Holzdübel *(8 x 40 mm)*
- 4 Spax-Schrauben für die Armlehnen
  (4 x 70 mm)
- Holzleim

DAS WERKZEUG

- Bleistift + Meterstab
- 150er-Schleifpapier + Schleifklotz
- Akkuschrauber
- 8-mm-Holzbohrer
- 3-mm-Holzbohrer *(zum Vorbohren
  der Armlehnen)*
- Anschlagring *(oder etwas Kreppband)*
- Hammer
- Flach- und Rundfeile
- 8 Markierdornen *(8 mm)*

„Dr. Bö"
in Aktion
ab Seite 170.

STECKSESSEL „DR. BÖ" – SO WIRD'S GEMACHT

Vorbereitung: Schnittkanten schleifen, scharfe Kanten brechen und Platten entstauben.
Wichtig: Wir empfehlen die glatten Plattenoberflächen für Sitzfläche, Rückenlehne und Co. Schnittkanten der Platten mit transparentem Wetterschutz-Lack streichen.

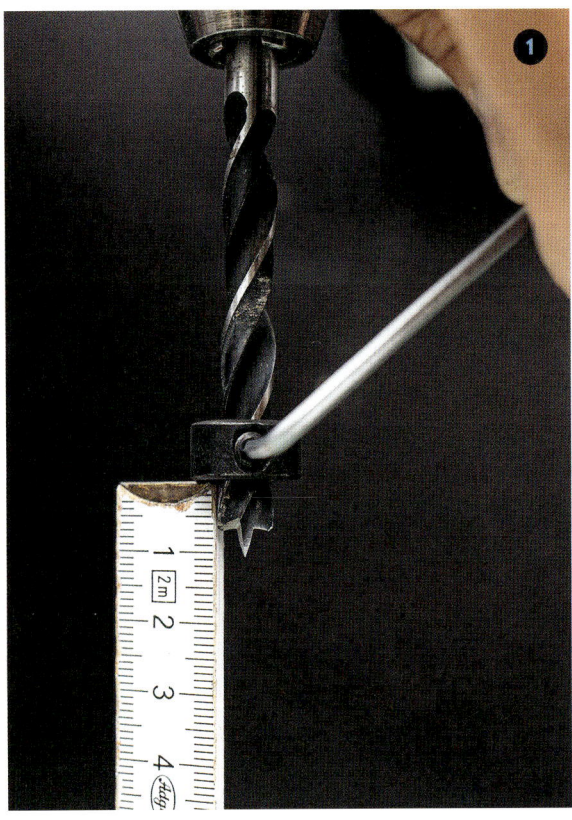

Schritt 1 Zeichnen Sie mithilfe des Zuschnittplans (Seite 68 zum Download) auf die raue Oberfläche des 1. Seitenteils Bleistiftlinien, die den Positionen der Sitzfläche, Rückenlehne und Querstrebe entsprechen. Dann folgt das Einmessen und Anzeichnen der 8 Löcher für die Holzdübel. Genau messen, Bleistift spitzen!

Schritt 2 Anschlagring bei 7 mm Bohrtiefe am 8-mm-Bohrer fixieren (1) oder 7-mm-Marke mit Kreppband umwickeln. An allen Markierungen 7 mm tiefe Löcher bohren (2).

SPITZFINDIG!
Beim Einstellen der Bohrtiefe wird die Zentrierspitze des Holzbohrers nicht mitgemessen!

3

Schritt 4 Zum Markieren der Dübellöcher auf den Plattenkanten für Sitzfläche, Rückenlehne und Querstrebe die Markierdornen in die Löcher der Seitenteile stecken. An den vorgezeichneten Bleistiftlinien (Schritt 1) setzen Sie nacheinander die Plattenkanten auf die Spitzen und pressen sie dagegen (4). So erhalten Sie die exakte Position der Gegenlöcher für die Steckverbindung. Mit dem 8-mm-Bohrer alle Löcher mithilfe des Anschlagrings 35 mm tief in die Schnittkanten bohren (40 – 7 = 33, zzgl. 2–3 mm Platz für Leim).

Schritt 5 Etwas Leim in die tiefen Löcher der Plattenkanten geben. Dübel einstecken und mit dem Hammer so tief einschlagen, bis 7 mm Dübel überstehen. Mit dem Meterstab kontrollieren (5). Leim gut trocknen lassen.

Schritt 3 Bohrlöcher für das 2. Seitenteil passgenau übertragen: Markierdornen in die Löcher des 1. Seitenteils stecken (3) und 2. Seitenplatte mit der rauen Seite aufdrücken. Löcher ebenfalls 7 mm tief bohren und mit einem Stück Schleifpapier ein wenig entgraten.

4

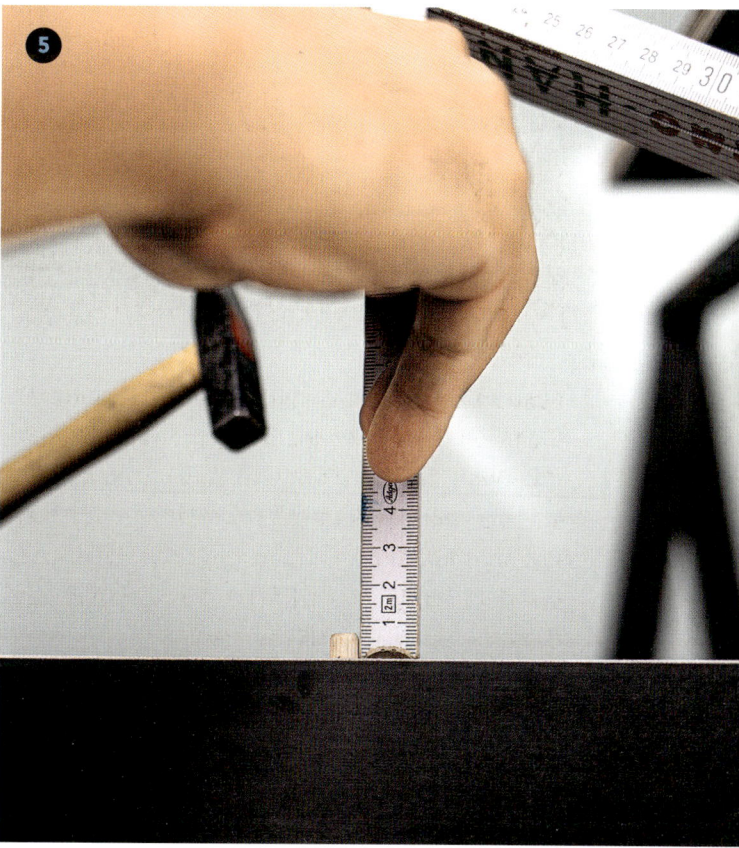

5

SPLITTERFREI DURCHBOHREN
Damit beschichtete Platten rückseitig nicht splittern, ein Stück Holz unterlegen und die Platte beim Durchbohren fest dagegen pressen.

6

7

Schritt 6 Die Position der beiden 35-mm-Schlitze für den Spanngurt anzeichnen. Entlang der Markierung mehrere Löcher nebeneinander bohren und zu einem Langloch verbinden (6).

Schritt 7 Das Langloch mit der Flach- und Rundfeile glätten und Ränder entgraten (7).

Schritt 8 Die Verbindungsstellen der Armlehnen mit dem 3-mm-Bohrer vorbohren, Armlehnen mit je 2 Schrauben (4 x 70 mm) von oben auf die Seitenteile schrauben.

Schritt 9 Jetzt kann der Stecksessel zusammengebaut werden:

1. Gurt durch den Schlitz eines Seitenteils ziehen. Seitenteil mit den Dübellöchern nach oben auf den Boden legen (8).

2. Lehne, Sitz und Querstrebe über die Dübel ins Seitenteil stecken (9).

3. Das 2. Seitenteil von oben auf die Teile stecken. Zuletzt den Gurt durch den anderen Schlitz ziehen (10).

4. Gurt spannen, Stuhl aufstellen, Stabilität prüfen, Platz nehmen.

KLAPPSEKRETÄR „SILVIE"

Der Klappsekretär lässt sich an jede Brüstung hängen. Einfach Laptop samt Tischplatte „hochfahren" und loslegen. Die Ablage bietet Platz für alles, was das Outdoor-Homeoffice braucht.

DER AUFBAU

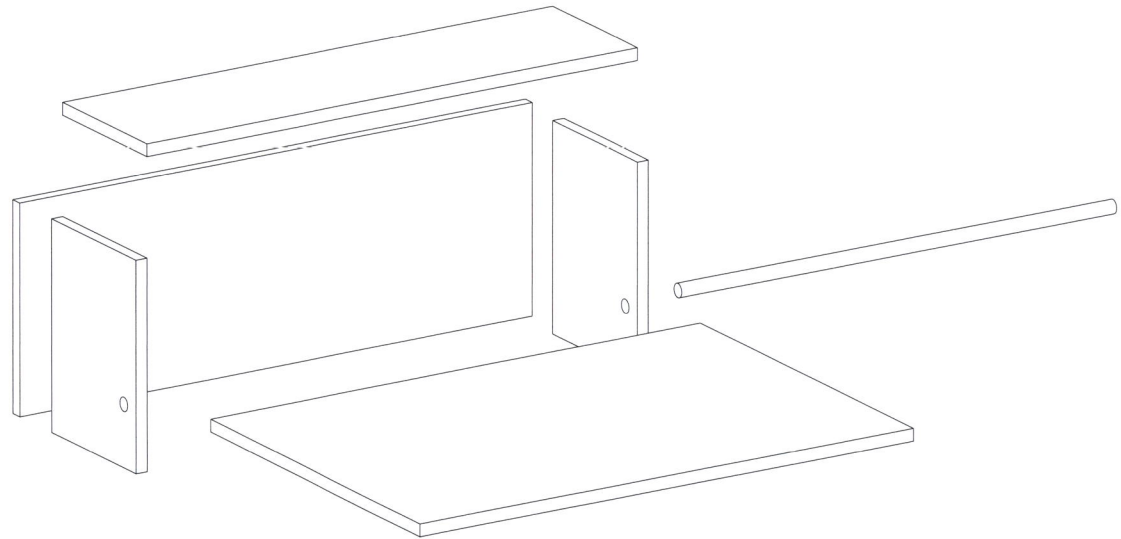

DAS MATERIAL

- beschichtete Multiplex-Platten
  (Stärke: 18 mm):
    Tischplatte: 55 x 79,5 cm
    2 Seitenplatten: 20 x 30 cm
    1 Ablage: 22 x 80 cm
    1 Rückwand: 30 x 83,6 cm
- 2 Scharniere mit mind. 3 Löchern
  (60 x 34 mm = Maße aufgeklapptes Scharnier)
- 1 Rundholz *(Buche, Ø 25 mm, 90 cm lang)*
- 2 Universalhaken *(passend zur Brüstung, für mind. 2 Schrauben, Belastbarkeit ca. 30 kg)*
- 11 Spax-Schrauben *(4 x 70 mm)*
- 16 Spax-Schrauben für die Scharniere und Universalhaken *(4 x 16 mm)*

DAS WERKZEUG

- Bleistift + Meterstab
- 150er-Schleifpapier + Schleifklotz
- Akkuschrauber + Torx-Bit
- Holzbohrer *(3 mm)*
- Forstnerbohrer *(26 mm)*
- Wasserwaage

Klappsekretär
in Aktion
auf den Seiten
152 und 188.

KLAPPSEKRETÄR „SILVIE" – SO WIRD'S GEMACHT

Vorbereitung: Schnittkanten schleifen, scharfe Kanten brechen und Platten entstauben.
Wichtig: Beschichtete Platten sind robust und gut abwischbar. Das Rundholz sowie die Schnittkanten der Platten mit transparentem Wetterschutz-Lack streichen.

Schritt 1 Mit Bleistift und Meterstab Bohrungen auf den Seitenplatten und der Rückplatte markieren (im Zuschnittplan rot). Mit dem 3-mm-Bohrer alle Löcher für die langen Spax-Schrauben (4 x 70 mm) vorbohren (nicht die Löcher für Scharniere und Rundholz). Das spezielle Gewinde der Spax-Schrauben macht ein Vorbohren in den Schnittkanten der Platten überflüssig.

Schritt 2 Mit dem 26-mm-Forstnerbohrer die markierten Löcher für das Rundholz (Ø 25 mm) in die Seitenteile bohren (1). Löcher mit Schleifpapier entgraten und glätten (2).

SPIELERISCH
Mit 1 mm Spiel lässt sich das Rundholz locker durch das Loch schieben.

Schritt 4 Rückwand durch die vorgebohrten Löcher von hinten mit den Seitenteilen verschrauben (4). Der Korpus ist fertig, fehlt nur noch die Tischplatte.

Schritt 5 Zuerst die beiden Scharniere an der hinteren Kante der Tischplatte anschrauben: Ggf. Mittellinie als Hilfslinie für die Scharnier-Schrauben anzeichnen (18 mm Plattenstärke, also bei 9 mm). Korrekte Anbringung der Scharniere beachten: Auf dem Foto liegt die glatte Tischplattenoberseite oben (5)!

Schritt 3 Seitenteile durch die vorgebohrten Löcher mit den Kanten der Ablage verschrauben. Ablage und Seitenplatten schließen rückseitig bündig ab, sodass die Ablage auf der Sekretärvorderseite etwas übersteht (3).

Schritt 7 Tischplatte und Stange rausziehen. Mittellinie als Hilfslinie für die Scharnier-Schrauben zwischen Ober- und Unterkante an die Rückplatte zeichnen und Scharniere samt Tischplatte anschrauben (Position der Tischplatte beim Anschrauben wie im Bild auf S. 79).

FEINTUNING
Wenn Ihr Balkongeländer unten schmaler ist, Leiste als Abstandhalter an die Rückseite des Sekretärs schrauben.

Schritt 6 Rundholz in den waagerecht ausgerichteten Korpus schieben. Bestimmen der Scharnier-Positionen im Korpus: Tischplatte waagerecht (Wasserwaage!) auf der Stange an die Rückwand schieben (6). Ober- und Unterkante der Tischplatte und Lage der Scharniere mit Bleistift auf die Rückwand übertragen.

Schritt 8 Die optimale Arbeitshöhe für Tischplatten liegt bei 72–75 cm: Universalhaken je nach Brüstungshöhe höher oder niedriger an der Rückwand des Sekretärs anschrauben. Für eine stabile Aufhängung mind. mit je 2 Schrauben befestigen (7).

KLAPPE AUF, KLAPPE ZU
Stange raus, Tischplatte hochklappen, Stange rein, Balkon-Start-Up gründen.

KLAPPCOUCH „ALMA"

Mit wenigen Handgriffen umgebaut: Tagsüber bequeme Balkon-couch, nachts Outdoor-Traumbett unterm Sternenhimmel. Wer einmal darauf geschlafen hat, möchte es nicht mehr missen.

DER AUFBAU

DAS MATERIAL

- beschichtete Multiplex-Platten *(Stärke: 21 mm)*
  - 2 Seitenteile: 60 x 62,5 cm
  - 2 Ablagen: 60 x 10 cm
  - 1 Rückwand: 53 x 120 cm
  - 3 lange Stützbretter: 10 x 120 cm
  - 1 kurzes Stützbrett: 10 x 80 cm
  - 2 große Böden: 78 x 120 cm
  - 1 schmaler Boden: 41 x 120 cm
- 1 Aluwinkel 1,5 x 3 x 100 cm *(Stärke: 1,5 mm)*
- 2 Bandscharniere *(3 x 15 cm)*
- 33 Spax-Schrauben *(4 x 70 mm)*
- 21 Spax-Schrauben für Scharniere, Textilband und Aluwinkel *(4 x 16 mm)*
- 2 Spax-Schrauben mit Linsenkopf *(4 x 50 mm)*
- festes Textilband *(30 cm lang)*
- 1 Rückenpolster *(40 x 120 cm)*
- 2 Palettenpolster *(80 x 120 cm)*
- ggf. 4–8 Möbelgleiter

DAS WERKZEUG

- Bleistift + Meterstab
- 150er-Schleifpapier + Schleifklotz
- Akkuschrauber + Bits
- 3-mm-Holzbohrer
- 3-mm-Metallbohrer
- kleine Rundfeile

PASSGENAUE POLSTER
Die sogenannten Palettenpolster
(80 x 120 cm) sind in fast
jedem Baumarkt erhältlich.

Klappcouch
in Aktion
ab Seite 177.

KLAPPCOUCH „ALMA" – SO WIRD'S GEMACHT

Vorbereitung: Schnittkanten schleifen, scharfe Kanten brechen und Platten entstauben.
Wichtig: Schnittkanten der Platten mit transparentem Wetterschutz-Lack streichen. „Alma" gelingt am besten mit Helfer: Das schont den Rücken und sorgt für doppelten Spaß.

Schritt 1 Markieren Sie die Bohrungen (im Zuschnittplan rot) mit Bleistift und Meterstab auf allen Platten (2). Mit dem 3-mm-Bohrer die Löcher vorbohren, in die später die langen Spax-Schrauben (4 x 70 mm) geschraubt werden (alle Markierungen bis auf die Bohrungen für Scharniere und Aluwinkel). Das spezielle Gewinde der Spax-Schrauben macht ein Vorbohren in den Schnittkanten der Platten überflüssig.

GREGORS TIPP
Pausen nicht vergessen ...
und vor allem nach getaner Arbeit:
Füße hochlegen!

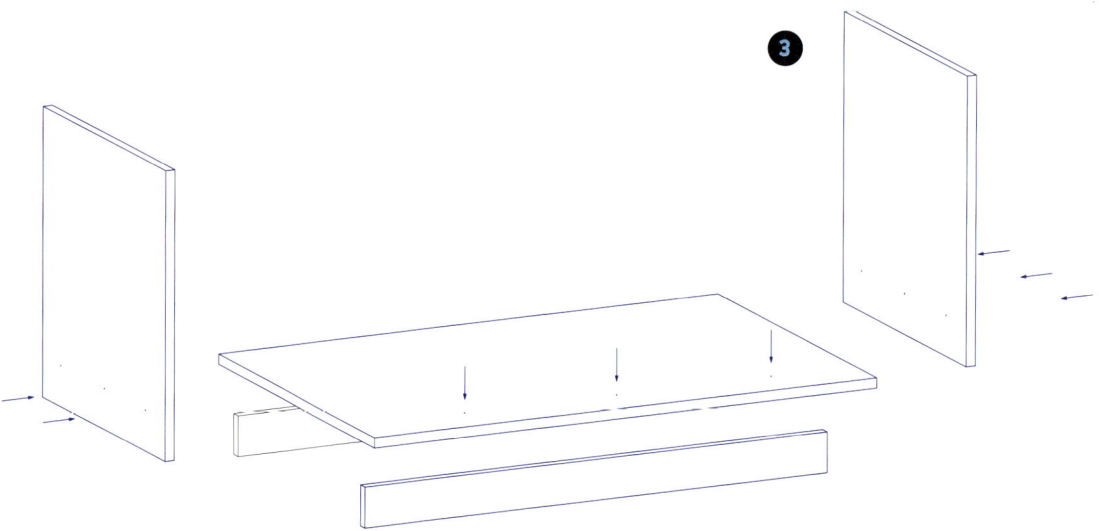

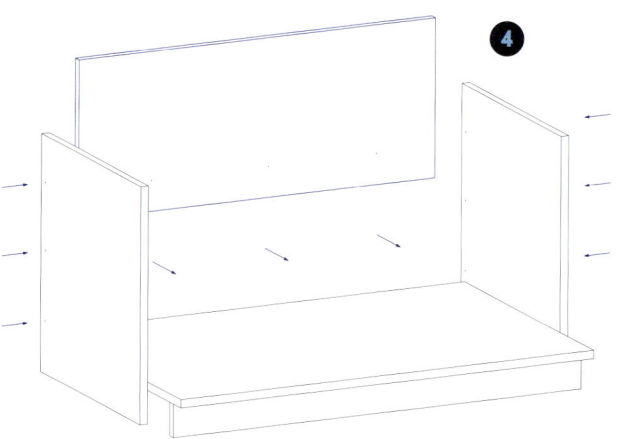

Schritt 2 Um den großen Boden leichter mit dem vorderen langen Stützbrett verschrauben zu können, legen Sie die Bodenplatte auf 2 langen Stützbrettern ab. Hier am besten zu zweit arbeiten, da die Stützbretter leicht kippen. Durch die Vorbohrungen in der Bodenplatte wird nur das vordere Stützbrett mit 3 Schrauben (4 x 70 mm) verbunden. Das hintere Hilfs-Stützbrett wird nicht verschraubt (3).

Schritt 3 Die beiden Seitenteile mit je 3 Schrauben (4 x 70 mm) durch die Vorbohrungen mit der Bodenplatte verschrauben (3). Achtung: Die Seitenteile überragen die Bodenplatte hinten um 21 mm (Plattenstärke der Rückwand). Das Hilfs-Stützbrett kann entfernt werden, die Konstruktion steht jetzt von allein.

Schritt 4 Die Rückwand von oben zwischen die Seitenteile schieben, bis sie auf dem Balkonboden steht. Durch die Vorbohrungen werden mit je 3 Schrauben (4 x 70 mm) zuerst die Rückwand von hinten mit der Bodenplatte verschraubt, dann die Seitenplatten von der Seite mit der Rückwand (4).

Multifunktionell

Wenn die Polster den Winter über im Keller oder in der Garage verschwinden, können Sie das Sofa-Gestell als Unterstand für Ihre Balkonpflanzen nutzen. Einfach eine stabile Hohlkammer-Platte auf den Seitenteilen des Sofas windgesichert ablegen, und fertig ist der wind- und wetterfeste Unterstand.

info

Schritt 5 Durch die Vorbohrungen in den Seitenplatten werden die beiden Ablagen mit je 3 Schrauben (4 x 70 mm) angeschraubt (5).

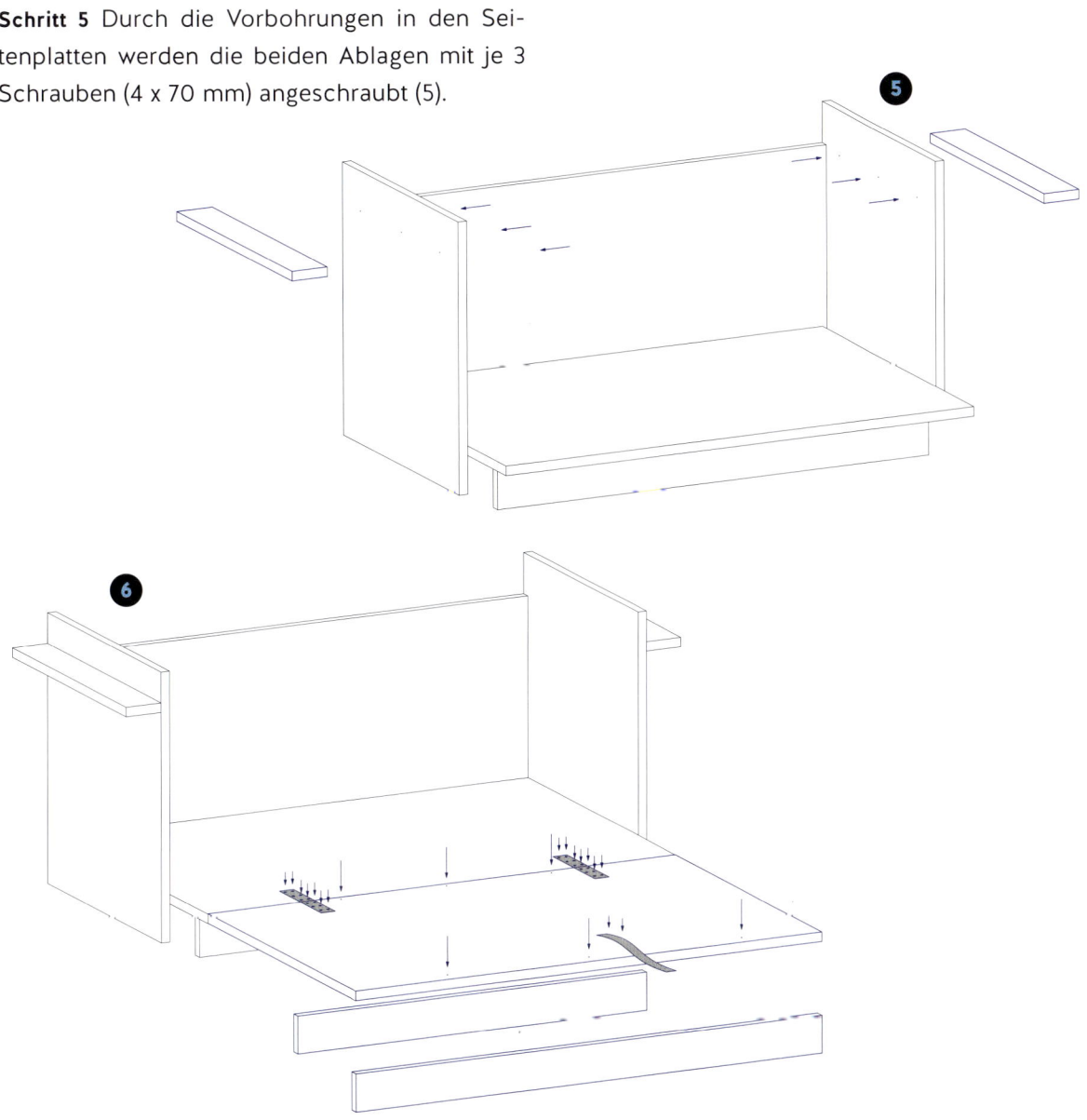

Schritt 6 Wie in Schritt 2 mit einem Helfer die 2. große Bodenplatte auf ein langes und das kurze Stützbrett legen. Beide Stützbretter durch die Vorbohrungen in der Bodenplatte mit je 3 Schrauben (4 x 70 mm) anschrauben: das kurze Stützbrett hinten, das lange vorne (6). Bei eingeklapptem Boden liegt später das lange Stützbrett an der Rückwand an, das kurze dient vorne als Stopper für das Polster.

Schritt 7 Die 2 großen Böden mit 3–4 mm Abstand exakt nebeneinanderlegen. Die beiden Bandscharniere mit je 7 Schrauben (4 x 16 mm) so auf den Böden montieren, dass sich der 2. Boden nach oben auf den 1. Boden klappen lässt. Dann das Textilband mit 2 Schrauben (4 x 16 mm) vorne am 2. Boden befestigen (6). So lässt sich der Boden später ohne Fummelei herausklappen und rückenschonend ablassen.

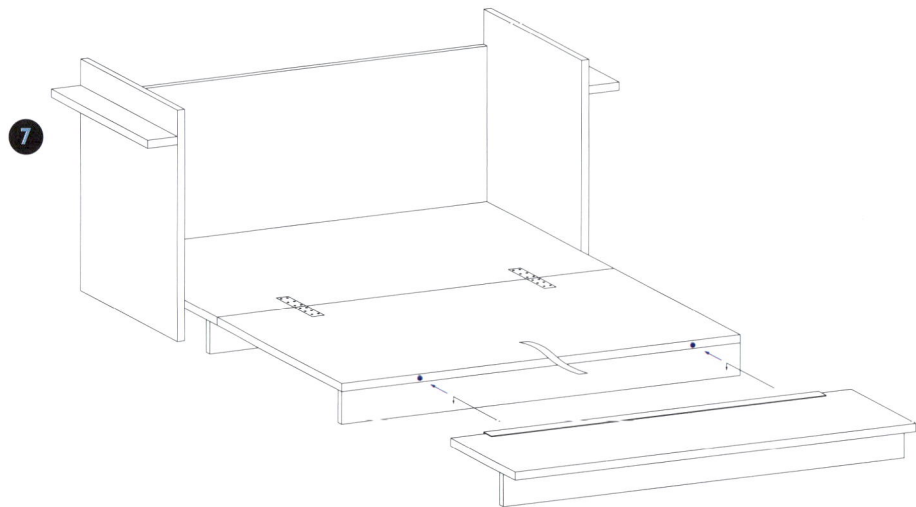

Schritt 8 Durch die Vorbohrungen in der schmalen Bodenplatte das 3. lange Stützbrett mit je 3 Schrauben (4 x 70 mm) anschrauben (7).

Schritt 9 Mit dem 3-mm-Metallbohrer 5 (über die Winkellänge gleichmäßig verteile) Löcher in den 3-cm-Schenkel des Aluwinkels bohren. Mit der Rundfeile ca. 20 cm von den Winkel-Enden eingerückt 2 je 1 cm tiefe Kerben in den 1,5-cm-Schenkel feilen. Aluwinkel mit den Kerben nach unten (siehe Foto) mit 5 Schrauben (4 x 16 mm) am schmalen Boden befestigen: Lücke von ca. 5 mm zwischen Winkel und Bodenplattenkante lassen (8)!

Schritt 10 Den schmalen Boden am Klappboden anlegen, um die Lage der Kerben zu übertragen. Linsenkopfschrauben bis auf 4 mm Überstand in die Klappbodenkante einschrauben (7). Schmalen Boden einhängen (9), Polster auslegen – und fertig ist die Schlafcouch!

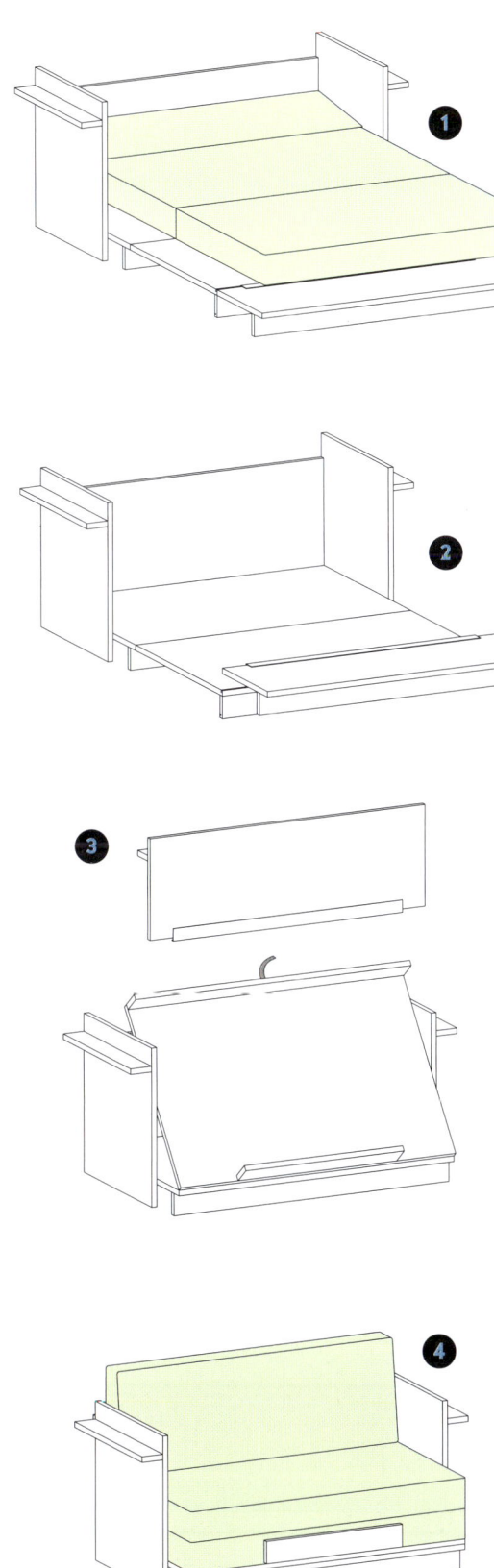

Schritt 10 So wird das Bett zur Couch:

1. Die Polster entfernen (1).

2. Den schmalen Steckboden aushängen (2). Am Textilband den Klappboden auf den anderen großen Boden klappen, sodass das Textilband greifbar bleibt (3).

3. Den schmalen Boden zwischen die Seitenteile schieben: dabei zeigt seine Stützleiste nach hinten und liegt auf der Sofa-Rückwand auf (3).

4. Die beiden großen Polster übereinander sorgen für besonderen Sitzkomfort. Das kleine Polster bildet die Rückenlehne (4).

Schützende Puffer

Bevor der Klappboden auf den anderen großen Boden geklappt wird, können Sie ein paar Möbelgleiter als Puffer auf einen der großen Böden kleben. Wenn Sie den Fußboden schützen wollen, zusätzliche Möbelgleiter unter das Sofa kleben.

my tiny balcony

URBAN JUNGLE
BLOGGER
IGOR JOSIFOVIC

LET IT GROW – ZUHAUSE IM PFLANZENPARADIES

Der Großstadt-Dschungel

Pflanzen sind Igors absolutes Spezialgebiet – wie es sich für einen Urban Jungle Blogger gehört. Ob in der schönen Altbauwohnung oder auf dem kuscheligen Balkon: Hier gibt es überall saftiges Grün zu bewundern. Und natürlich braucht es dafür auch genügend Platz …

IM GRÜNEN ZU HAUSE

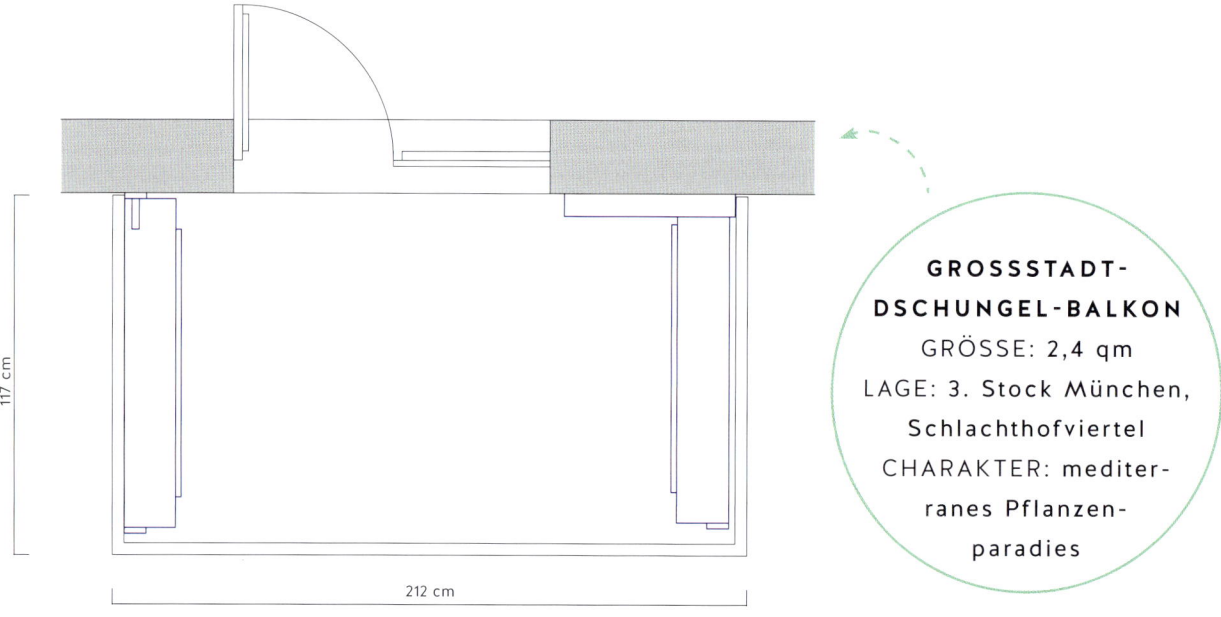

117 cm

212 cm

GROSSSTADT-DSCHUNGEL-BALKON
GRÖSSE: 2,4 qm
LAGE: 3. Stock München,
Schlachthofviertel
CHARAKTER: mediter-
ranes Pflanzen-
paradies

Großstadt oder Natur? Schon längst kein Widerspruch mehr! Unser erster Balkonkandidat lebt die grüne Leidenschaft durch und durch: Wer in seiner Stadtwohnung den grünen Daumen hochhält, kennt bestimmt Igor Josifovic. Er hat 2013 mit Judith de Graaf die internationale Pflanzen-Community „Urban Jungle Bloggers" gegründet. Der grüne Trend unter Großstädtern hält nach wie vor an. Igor Josifovic arbeitet hauptberuflich sehr erfolgreich als Blogger, Influencer und Autor. Er schreibt mit Begeisterung über die Themen Interior Design, Wohnen mit Pflanzen und Reisen auf seinem „Happy Interior Blog" sowie auf der Seite der globalen Pflanzen-Community „Urban Jungle Bloggers" (www.happyinteriorblog.com). Auf Instagram folgen ihm momentan über 80.000 Menschen. Bei den „Urban Jungle Bloggers" hat er mittlerweile fast 1 Million Follower.

SIE WACHSEN EINFACH!

Wir besuchen Igor zu Hause. Schnell wird klar: Igor inszeniert schönes Wohnen nicht nur online, er lebt wirklich so. In jeder Ecke seiner Altbauwohnung finden wir kunstvoll arrangierte Stillleben. Jeder Blickwinkel wird ein Instagram-Post. Jeder Raum ist bis ins kleinste Detail durchdacht und mit einer Extraportion Liebe eingerichtet. Die ausgewählten Farben und Materialien zaubern in seine vier Wände Wärme und eine gute Stimmung. Monstera, Pilea oder Philodendron ... Willkommen im Großstadt-Dschungel! Überall ist Igors grüner Daumen spürbar. „Sie wachsen einfach! Noch dazu bekomme ich sehr viele Pflanzen geschenkt!"

Igors Balkon ist ein saftig grüner Ruhepol im Herzen Münchens. Er befindet sich im dritten Obergeschoss an der ruhigen Nordwest-Sei-

te eines stilvollen Stadthauses. „Mein Balkon ist leider schattig. Die Balkonpflanzen habe ich dementsprechend ausgewählt. Sie fühlen sich sehr wohl und wachsen in alle Richtungen." Auf dem Balkon ist kaum noch Platz für seinen Balkontisch im marokkanischen Stil und die beiden Klappstühle. Igor hat sich deshalb ein Pflanzenregal und ein Rankgerüst gewünscht. So kann er die Außenfläche ideal nutzen.

IGORS NEUER BALKON

Ideen auf 2,4 qm! Wir haben zwei einfache Rahmen aus der Frames-Serie modifiziert und an Igors Balkon angepasst. Links und rechts bieten Regale am Balkongeländer Platz für die zahlreichen Topfpflanzen. Die Clematis klettert bald schon am Rankgerüst die Fassade empor. Die hoch hinausragende Seitenstütze hat Haken aus Rundhölzern – ideal für Hängepflanzen oder für ein Akkulicht. Der bunte Lack schützt die Konstruktion vor der Witterung. Die Farbe haben wir passend zu den Wandfliesen der angrenzenden Küche ausgewählt. Die neue Ausstattung bietet Igor genügend Platz zum Sitzen. Die Regale erlauben mehr Bewegungsfreiheit und die gemütlich-kuschelige Atmosphäre bleibt erhalten.

DAS BALKONINTERVIEW

Studio Faubel: Wie wichtig ist dir der Balkon?

Igor: Sehr wichtig! Ich hab davor zehn Jahre in einer Dachgeschosswohnung ohne Balkon gewohnt, und genieße jetzt jeden freien Moment auf meinem Balkon. Er ist meine grüne Oase nach der Arbeit.

SF: Wann bist du auf deinem Balkon?

I: Unter der Woche trinke ich immer meinen After-Work-Kaffee auf dem Balkon, außer das Wetter lässt es nicht zu. Am Wochenende verbringe ich fast die ganze Zeit auf dem Balkon. Ich esse dort, lese, sitze am Laptop.

SF: Wieviel Zeit verbringst du normalerweise auf deinem Balkon?

I: Unter der Woche bestimmt täglich eine Stunde, mindestens! Pro Woche bis zu zehn Stunden – zumindest in der wärmeren Jahreshälfte.

SF: Und wo ist dein Lieblingsplatz auf deinem Balkon?

I: Mein Balkon ist sehr klein, da gibt es keine große Auswahl ... Auf dem Stuhl an meinem marokkanischen Mosaiktisch, mit Blick auf den Innenhof.

SOMMERFRISCHE

Der Sauerklee (unten links) darf nur im Sommer ins Freie. In kleinen Mengen sind seine Blätter und Blüten essbar.

tipp

Pflanzengrün kombiniert mit Holz

Nicht nur in der Wohnung, auch auf dem Balkon blüht und grünt es in üppiger Vielfalt. Für Igor muss ein Balkon grün und gemütlich sein. Er liebt das satte Grün der Pflanzen in Kombination mit Holztönen. Deswegen hat der ästhetische Blogger Holzplatten als Bodenbelag für seinen Außenbereich gewählt. Passend dazu: ein grün-weißer Mosaiktisch und zwei Holzklappstühle.

Seinen Einrichtungsstil beschreibt Igor als „modern bohemian": Skandinavische Designteile mischen sich mit ethnischen Motiven, Mustern und Textilien – ergänzt durch Mitbringsel von seinen vielen Reisen und selbstgemachter Keramik.

SF: War der Balkon ausschlaggebend bei der Wohnungswahl?

I: Auch! Mir war es sehr wichtig, einen Balkon in der neuen Wohnung zu haben.

Die Begonie hat Igor
aus einem einzigen
Blatt gezogen.

IGORS TIPP
Einige meiner Pflanzen habe ich
vom Pflanzentausch, wie die Begonie,
die ich aus Paris mitgebracht habe.

SF: Was war bisher die Personenhöchstzahl auf deinem Balkon?

I: Ich denke drei Personen. Mehr geht wirklich nicht – vor allem bei all meinen Pflanzen (haha)!

SF: Und was machst du am liebsten auf dem Balkon?

I: Einen Kaffee trinken und den Bienen und Hummeln beim Nektarsammeln zusehen.

SF: Was fehlt dir auf deinem Balkon oder was stört dich am meisten?

I: Oftmals stelle ich viele Pflanzen auf dem Boden ab und raube mir die Bewegungsfreiheit. So gesehen fehlt mir eine schlaue Lösung für meine vielen Pflanzen, damit es etwas ordentlicher wirkt und auch etwas mehr Freifläche entsteht.

SF: Wie verbringt dein Balkon den Winter?

I: Aufgeräumt und ruhig. Viele meiner Pflanzen sind winterhart und dürfen draußen überwintern. Auf diese Weise ist der Balkon nicht ganz so trist im Winter.

SF: Welche Balkonpflanzen empfiehlst du für einen schattigen Balkon?

I: Ich setze auf Heuchera für farbige Akzente, eine schöne blau-grüne Funkie sowie eine Hortensie. Alle gedeihen ausgezeichnet auf einem schattigen Balkon.

Stilvolles Farbspektakel: Grün- und Rottöne, etwas Holz und knalliges Blau!

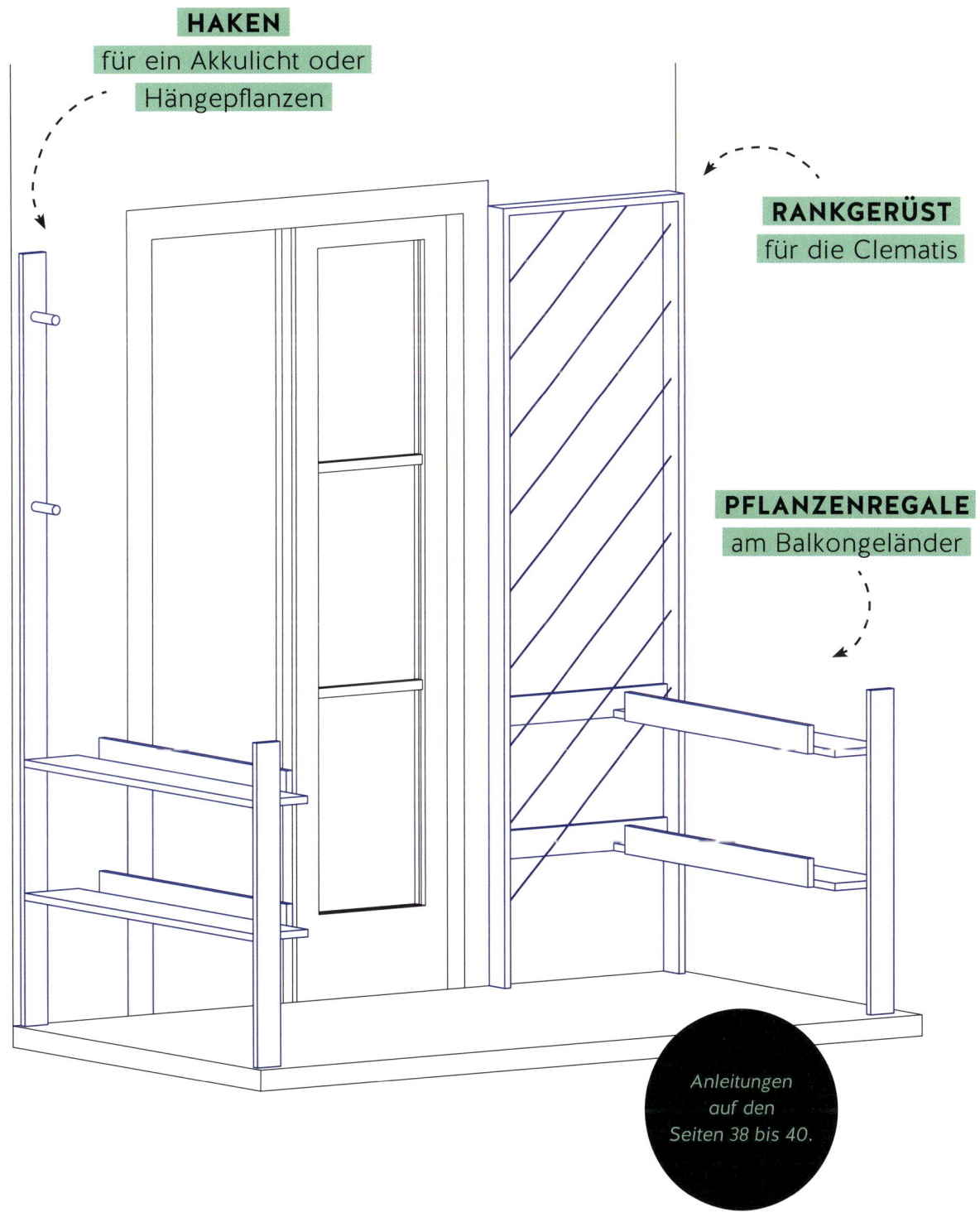

HAKEN
für ein Akkulicht oder
Hängepflanzen

RANKGERÜST
für die Clematis

PFLANZENREGALE
am Balkongeländer

Anleitungen
auf den
Seiten 38 bis 40.

diy

Makramee

BLUMENAMPEL AUS MAKRAMEE-GARN

DAS MATERIAL

- Makramee-Garn *(ø 4 mm, 4 x 6 m)*
- Makramee-Garn *(ø 3 mm, 5 x 20 cm)*
- Holzring
- dünne Häkelnadel
- Schere
- Pflanze mit Übertopf *(ø ca. 13 cm)*

Schritt 1 Die 4 langen, dickeren Garne doppelt legen und je mit einer Schlaufe am Holzring befestigen, sodass 8 Schnüre (4 Stränge à 2 Schnüre) entstehen.

Schritt 2 Strang-Knoten: Die 4 Stränge in alle vier Himmelsrichtungen legen. Den nach unten (Süden) gerichteten Strang locker zwischen den linken und den oberen Strang legen (nach Nordwest = NW). Den linken Strang nach NO und den oberen nach SO legen. Den rechten Strang unter dem NW-Strang durchfädeln und nach SW legen.

Schritt 3 Alle Stränge festziehen. Schritt 2 viermal wiederholen.

Schritt 4 Die Schnüre ca. 30 cm unverknüpft lassen. Dann jeden Strang mit einem dünneren Garn-Stück über ca. 2 cm fest umwickeln. Das Garn-Ende zum Fixieren mit der Häkelnadel durch die Wickelung ziehen. Danach 10 cm unverknüpft lassen.

Schritt 5 Jeweils 2 Schnüre aus nebeneinanderliegenden Strängen zu einem Brezelknoten verknüpfen (zum Download siehe Bild links). Dann ca. 2 cm unverknüpft lassen und erneut aus allen Schnüren einen Vierecks-Strang knoten (siehe Schritt 2 und 3).

Schritt 6 Mit dem letzten dünnen Garn-Stück die Schnur-Enden fest umwickeln und mit der Häkelnadel fixieren. Fertig!

urban jungle

ÜPPIGES GRÜN AUF DEM BALKON – TIPPS VOM PROFI

Igor Josifovic
von Happy Interior Blog

Studio Faubel: Wie kommt es, dass du so ein großer Pflanzenliebhaber geworden bist?

Igor: Pflanzen machen mich glücklich! Wenn ich von Pflanzen umgeben bin, fühle ich mich wohl, entspannt und kreativer. Das gilt sowohl in den eigenen vier Wänden als auch beim Spazierengehen in der Natur.

SF: Du bist viel unterwegs. Was machst du mit deinen Balkonpflanzen in dieser Zeit – vor allem im Sommer, wenn viel gegossen werden muss?

I: Ich versuche, meine Pflanzen am letzten Tag vor einer Reise immer gut zu versorgen. Wenn ich länger weg bin, muss mein bester Freund als Pflanzensitter herhalten.

SF: Wieviel Pflege benötigen deine Balkonpflanzen? Wann topfst du um? Wie oft gießt du, wann düngst du?

I: Meine Balkonpflanzen sind recht genügsam. Ich habe einen Schattenbalkon, und die meisten von meinen Pflanzen sind sehr pflegeleicht.

Einige sind ganzjährig auf dem Balkon. Andere pflanze ich im Frühling frisch ein. Den Sommer über dünge ich alle zwei Wochen. Trotz Schattenseite muss ich im Sommer wegen der kleinen Gefäße sehr oft gießen. Im Winter kann ich es auch mal länger vergessen.

SF: Hast du einen besonderen Pflegetipp?

I: Allgemein empfehle ich, die Pflanzen immer passend zum eigenen Lifestyle zu wählen. Wer viel unterwegs ist wie ich, sollte auf sehr pflegeintensive Pflanzen am besten verzichten. Und konkret zur Pflanzenpflege: Auch mal den Kaffeesatz als natürlichen Dünger verwenden! Ich mache das immer wieder mal im Sommer.

SF: Wo kaufst du Deine Balkonpflanzen?

I: Tatsächlich kaufe ich die meisten Balkonpflanzen im Gartencenter. Dort ist die Auswahl einfach am größten.

SF: Wann startest du die Balkonsaison, und welche Pflanzen dürfen zuerst auf den Balkon?

I: Das hängt natürlich stark vom Wetter ab. Aber spätestens so im März bekomme ich schon Lust, den Balkon aufzufrischen und neue Pflanzen einzusetzen.

SF: Du hast einen schattigen Balkon. Welche Pflanzen kannst Du dafür besonders empfehlen?

I: Ich mag Heucheras sehr – die gibt es in unterschiedlichen Farben, und die kleinen Blüten sind entzückend. Mit denen bekommt man selbst auf dem Schattenbalkon einige schöne Farbspiele zustande. Auch Kakteen eignen sich, da sie nicht direktem Sonnenlicht ausgesetzt werden sollten. Denn sie bekommen trotz kräftiger Epidermis leicht Sonnenbrand. Wichtig für Kakteen ist ein Regenschutz. Und sie sollten bei Frost bzw. über den Winter reingeholt werden.

SF: Was ist für dich eine absolut pflegeleichte „Anfänger-Pflanze"?

I: Ich empfehle Funkien für den Balkon! Die sehen spektakulär aus und sind so pflegeleicht. Die können auch getrost das ganze Jahr über auf dem Balkon bleiben. Im Winter verwelken sie und sprießen wieder im Frühling.

SF: Hast du auch Nutzpflanzen auf dem Balkon?

I: Nur Kräuter – Rosmarin, Thymian, Minze. Das ist für mich als Hobby-Koch ideal.

SF: Welche Zimmerpflanzen dürfen im Sommer raus auf den Balkon?

I: Einige Agaven, meine Pilea, einige kleine Kakteen, Begonien – sie alle kommen den Sommer über raus.

Pflanzentipps für schattige Balkone:

Agaven gibt es in unzähligen Sorten. Sie wachsen gerne im Topf, sind aber nicht alle winterhart. Deshalb empfiehlt es sich auf jeden Fall, die Pflanze aus dem Mittelmeerraum bei Frost in die Wohnung zu holen und sie dort überwintern zu lassen. Eigentlich lieben Agaven direkte Sonneneinstrahlung. Viele Untersorten sind aber sehr pflegeleicht und kommen auch mit einem schattigen Balkon gut zurecht. Beim Gießen gilt hier: Lieber ein bisschen zu wenig als zu viel. Die Agave ist es schließlich gewohnt, in wüstenähnlichen Gebieten zu wachsen.

Pilea (auch chinesischer Geldbaum genannt) kommt ursprünglich aus Südostasien. Dort wächst die ulkige Pflanze mit den tellerförmigen Blättern an feuchten Plätzen im Wald. Deshalb fühlt sie sich auf einem schattigen Balkon besonders wohl. Direkte Sonneneinstrahlung mag sie gar nicht. Im Halbschatten werden ihre Blätter größer.

Begonien sind Alleskönner. Sie fühlen sich als Zimmerpflanze, aber ebenso auf dem Balkon sehr wohl. Sie mögen keine pralle Mittagssonne, ihr Lieblingsplatz ist der Halbschatten. Von der Begonie gibt es unterschiedlichste Varianten an Blüten- und Laubfarben. Auch wenn diese Blattpflanze sehr pflegeleicht ist: Durstig ist sie allemal. Deshalb gut gießen, aber Staunässe unbedingt vermeiden!

MIND THE GAP – ZURÜCK IN DIE GROSSSTADT

Der Stil-Balkon

Der Umzug vom Land zurück in die Stadt bereitete der Kleinfamilie
mit Hund anfangs Sorgen: Sie mussten ihren Garten mit Hochbeeten,
Hühnern und ganz viel Platz aufgeben und sich räumlich verkleinern.
Inzwischen genießen sie die neu gewonnenen Freiräume …

DAS GANZE IM BLICK

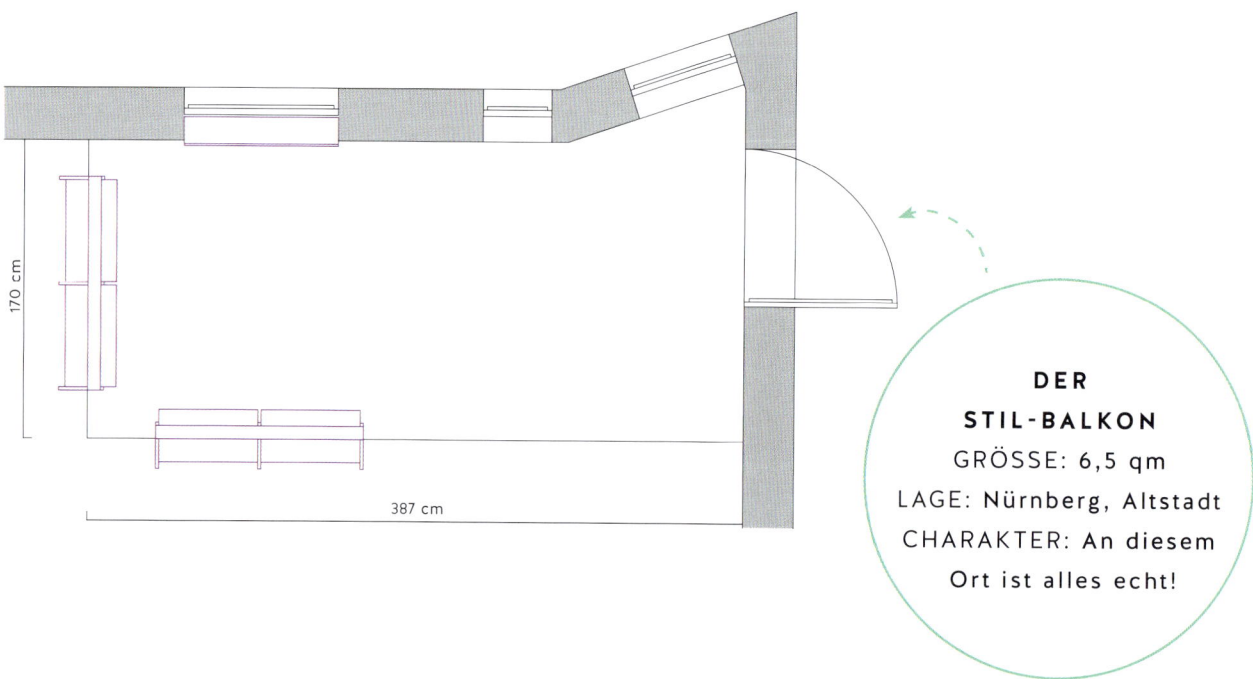

170 cm

387 cm

**DER
STIL-BALKON**
GRÖSSE: 6,5 qm
LAGE: Nürnberg, Altstadt
CHARAKTER: An diesem
Ort ist alles echt!

Tina und Max liebten ihre schnuckelige Wohnung mit Gartenanschluss am Ammersee. Doch dann landete die Kündigung wegen Eigenbedarf im Briefkasten. Lange hat die Kleinfamilie nach etwas Vergleichbarem gesucht. „Mit Kind und Hund war es wahnsinnig schwierig, etwas in dieser begehrten Gegend zu finden." Auch in München hatten sie kein Glück. Also beschlossen sie, in ihre alte Heimat Franken zurückzukehren. Jetzt können Oma und Opa immer mal als Babysitter einspringen. Außerdem ist Tina Teil des Erlanger Hotels „Stadthaus", bei welchem sie nun wieder mehr mitarbeiten kann.

STADT ODER LAND?
Trotz Kind und Hund sehnten sich die kreativen Eltern nach trubeligem Stadtleben. Sie genießen die Inspiration der Großstadt und entschieden sich für Nürnberg. Noch etwas ließ ihr Innen-

architekten-Herz höher schlagen: zwei Balkone und viel Platz für die Familie und Hund Wanda. Im Herzen der Wohnung befindet sich die gemütliche Wohnküche, von der auch das große, helle Wohnzimmer und der größere Balkon abgehen. Nicht fehlen darf auch ein Gästezimmer, in dem sie Freunde aus München gerne willkommen heißen. „Wir sind gerne auf dem Balkon, könnten ihn aber noch viel mehr nutzen. Toll wäre ein Sichtschutz, damit man nicht von unten auf unseren Balkon schauen kann. Unser 2-jähriger Sohn Béla wirft gerade gerne Sachen durchs Geländer. Das könnten wir durch einen Sichtschutz auch gut verhindern."

DER NEUE BALKON
Den Balkon der drei Nürnberger betreten wir über die Küche ihrer Altbauwohnung im zweiten Stock. Das Gebäude ist aus dem typischen

Sandstein der fränkischen Region gebaut. Dank der dicken Hauswände gibt es reizvolle Nischen an den Fenstern. Abstellmöglichkeiten für allerlei schöne Dinge! Eines der Fenster gehört zum Wirtschaftsraum der Wohnung – perfekt für ein Regal. Es schirmt das „Arbeitskämmerchen", das man nicht unbedingt vom Balkon aus sehen will, ab. In den Regalrahmen haben wir außerdem eine Lampenfassung installiert, um ein gemütliches Licht an den Essplatz der Kleinfamilie zu zaubern. Noch eine Doppelnutzung bot sich an: In die geschwungene Form der Stahlbrüstung haben wir zwei Frames-Regale eingepasst. An die Regalrückseiten wurde ein Sichtschutz-Gewebe getackert. Gleichzeitig ergibt das eine ausgezeichnete Sicherung gegen Bélas Wurfgeschosse. Und weiterer Stauraum, der dem Wunsch nach mehr Privatsphäre nachkommt. Da das Balkongeländer nur im unteren Teil genügend Stellfläche bietet, wollten wir dort den gesamten Platz erschließen. Die 30 cm tiefen Bretter nutzen Tina und Max für ihre Topfpflanzen. Für die Regale bot sich ein moosgrüner Lack als Witterungsschutz an: Mit dem Rot der Backsteine bildet das Grün ein stilgerechtes Komplementärpärchen!

DAS BALKONINTERVIEW

Studio Faubel: Wie wichtig ist für euch euer Balkon?

Tina: Ein Balkon war für uns bei der Wohnungssuche ein essentielles Kriterium. Vorher hatten wir einen echten Selbstversorger-Garten mit Hochbeet, Hühnern und allem, was dazugehört. Uns auf wenige Quadratmeter zu reduzieren, war eine schöne Herausforderung. Heute genießen wir es, mehr Zeit zu haben, da wir nicht jeden Abend eine Stunde lang Tiere versorgen und gießen müssen. Nun bleibt auch mal ein Moment frei, um es sich draußen einfach gemütlich zu machen.

BLICKDICHT
Das Gewebe an den Regalrückseiten bietet Sichtschutz, ohne Abzudunkeln.

SF: Wann seid ihr auf eurem Balkon?

T: Ich bin zu den Mahlzeiten und am frühen Morgen auf dem Balkon. Max schleicht sich in jeder freien Minute nach draußen, checkt die Pflanzen, gießt, repariert, quatscht mit den Nachbarn ... Geerntet wird gemeinsam mit Béla, der am liebsten alles gleich nascht. Die Abendstunden verbringen wir gerne zu zweit in unserem Minigarten. Hier lassen wir den Tag ausklingen und genießen die Hinterhof-Ruhe.

Bitte nicht so akkurat!
Tina und Max gehören zur Wildstyle-Fraktion. Tina mag alles, was klettert und ein Eigenleben entwickelt: Ganz einfach und sehr schön ist die schwarzäugige Susanne, etwas imposanter ist der Blauregen.

Max baut am liebsten Nutzpflanzen an, die er im Sommer ernten und in der Küche verwenden kann. So lernt auch der eigene Nachwuchs, woher die Lebensmittel kommen und dass die Natur uns alles schenkt, was wir brauchen, wenn wir uns darum bemühen. Nicht fehlen dürfen: Maggikraut, Koriander, Thai-Basilikum und die Klassiker Petersilie, Schnittlauch und Salbei.

SF: Was macht ihr am liebsten auf dem Balkon?

T: Ich lese hier am liebsten ein gutes Buch und schlürfe dabei ein leckeres Getränk. Max werkelt, optimiert und erneuert. Manchmal träumt er auch bei einem Bierchen vom nächsten Selbstversorger-Garten-Projekt! Unser Sohn beobachtet gerne das Geschehen rundherum.

Schlicht, ästhetisch und funktional: Sonnenschirm-ständer Marke „Max".

TINAS TIPP
Wichtig ist mir ein stimmiges Gesamtbild. Ich muss rausschauen und mich freuen, dann habe ich es richtig gemacht.

SF: Wie verbringt euer Balkon den Winter?

T: Im Winter sind wir nicht oft draußen, das heißt, im Herbst wird alles abgebaut und verstaut, sodass Möbel und Utensilien die kalten Temperaturen unbeschadet überstehen. Auch die Pflanzen werden je nach Möglichkeit winterfest verpackt. Wir finden diesen Umgang entsprechend der Jahreszeiten auch wichtig für Béla. Er lernt von klein auf, dass die Natur die Vorgaben macht, und wir Menschen gut beraten sind, wenn wir uns nach ihr richten.

SF: Welche Farben magst du auf eurem Balkon am liebsten, und wie setzt du sie ein?

T: Ich liebe Rosé-Töne, Altrosa, Weiß und Lila. Diese Farbakzente setze ich mit Textilien, etwa Sitzkissen, Tischdecken oder Outdoormatten, Blumentöpfen oder kleinen DIY-Ideen. Gerne darf auch mal eine Knallfarbe dazwischen sein, aber generell lieber dezent.

SF: Bitte beschreibe euren Wohnstil!

T: Authentisch und gemütlich. Für uns ist Wohnen ein andauerndes Projekt. Wir nehmen uns immer wieder einen neuen Bereich vor, um ihn zu optimieren oder zu verändern. Dabei bevorzugen wir eine gelungene Mischung aus Design, alten Einzelstücken und günstigen Lösungen.

So lassen sich selbst geschwungene Balkongeländer optimal nutzen.

REGAL
ins Fenster eingepasst

BRÜSTUNGSREGALE
maßgeschneidert,
mit Wind- und Sichtschutz

Anleitungen
auf den Seiten
42 und 43.

diy

Stickbilder

Schritt 1 Den Mönchstoff auf den inneren Rahmen legen, den größeren Rahmen darüberstülpen. Stoff mit ca. 5 cm überstehendem Rand zuschneiden und mit der Schraube fixieren. Gleichmäßig stramm ziehen! Während des Stickvorgangs den Stoff immer wieder etwas nachspannen.

Schritt 2 Auf dem Stoff mit Bleistift das Stickbild skizzieren. Hinweis: Auf der Seite, auf der gestickt wird, entstehen flache Konturen, auf der anderen Seite Schlaufen. Einen tollen 3-D-Effekt erreichen Sie ganz einfach, wenn die Farbfelder von hinten mit unterschiedlichen Schlaufenstärken gearbeitet werden.

Schritt 3 Die Wolle großzügig vom Knäuel rollen und einfädeln. Die Nadel muss sich auf dem Garn leicht hin- und herbewegen lassen.

Schritt 4 Nadel beim ersten Stich bis zum Anschlag in den Stoff einstechen. Nach oben zurückführen, bis die Nadelspitze den Stoff berührt. Mit der Spitze über den Stoff gleiten und ca. 5 mm weiter erneut einstechen. Die Nadel hat immer Kontakt zum Stoff, und der Faden muss locker hängen, sonst wird das Garn wieder herausgezogen. Den kompletten Stickrahmen besticken. Dabei mit glatten Flächen und unterschiedlichen Schlaufenlängen spielen.

Schritt 5 Bildrückseite komplett mit Sprühkleber fixieren. Überstehenden Stoffrand umklappen und mit Textilkleber festkleben.

SUSANNE UND
WOLFGANG
MIT **EMILIA** UND **IDA**

ONE, TWO, BBQ – HEUTE WIRD GEGRILLT!

Der Genuss-Balkon

Ein Großteil des Familienlebens spielt sich bei Familie Rutz in der geräumigen Wohnküche ab. Jetzt ist der angrenzende Balkon mit Lounge-Ecke und eigener Grillstation die perfekte Ergänzung – nicht nur, wenn Gäste kommen.

CHILLEN UND GRILLEN

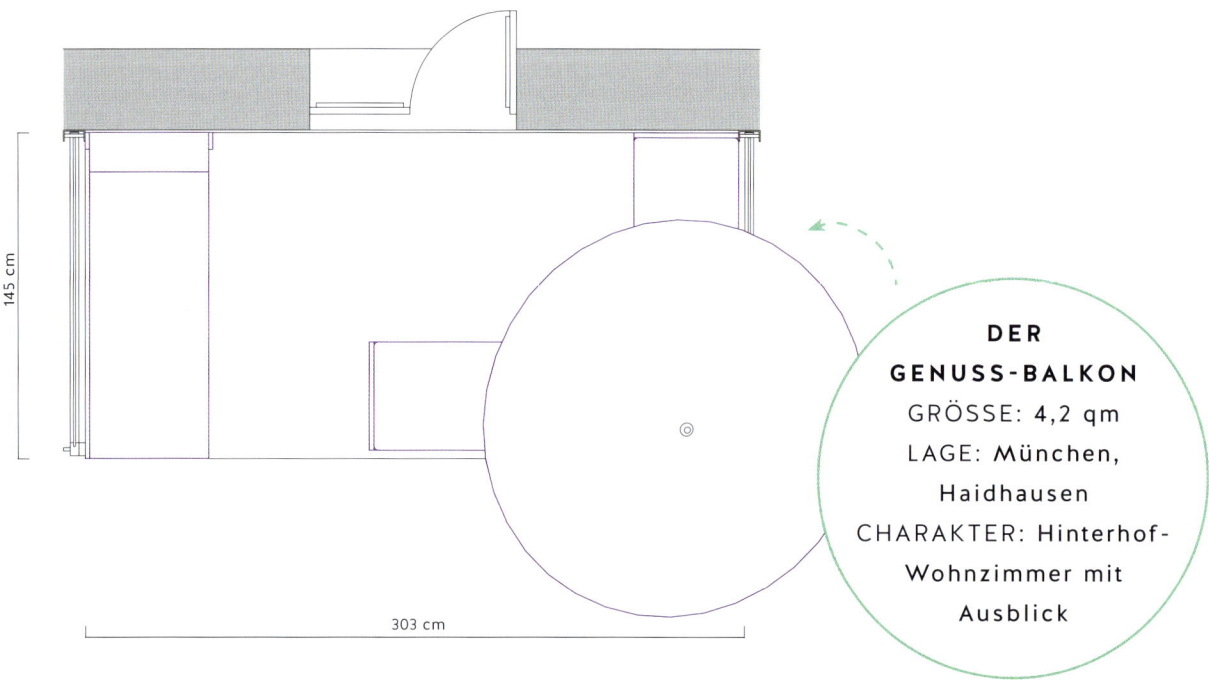

145 cm

303 cm

DER
GENUSS-BALKON
GRÖSSE: 4,2 qm
LAGE: München,
Haidhausen
CHARAKTER: Hinterhof-
Wohnzimmer mit
Ausblick

An der Fassade des schönen Hauses aus der Jahrhundertwende ist nur ein einziger Balkon angebracht. Als die Familie Rutz ihre schmucke Altbauwohnung in Haidhausen bezog, war der noch nicht dran. „Wir hatten Freunde, die uns den Balkon geplant und umgesetzt haben." Eine einzigartige, selbst kreierte Außenfläche! Rundherum viele Wohnhäuser mit zahlreichen Balkonen. „Man sitzt ein bisschen auf dem Präsentierteller. Manchmal wünschen wir uns einen Sichtschutz, der gleichzeitig als Sonnenschutz fungiert.", sagt Wolfi, der Papa der vierköpfigen Familie.

ERWEITERTE WOHNKÜCHE

Die Kinder Emilia und Ida gehen inzwischen in die Schule. Als die Töchter beide ein eigenes Zimmer wollten, planten Susanne und Wolfi ihre Eigentumswohnung nochmal um. „Ein Wohnzimmer haben wir nicht mehr, dafür ist ein

Durchgangszimmer zu unserem „Klavier-Salon" geworden. Am Liebsten sitzen wir eh in unserer Wohnküche. Unseren Fernsehabend verbringen wir im Bett.", sagt Mama Susanne. „Momentan nutzen wir den Balkon leider nur sporadisch. Aber es wäre toll, noch eine Außenfläche zu haben, vor allem wenn Gäste kommen. Dann könnte man auf dem Balkon grillen und entspannen. Essen würden wir in der angrenzenden Küche an der großen Tafel."

DER NEUE BALKON

Das Leben der vier Familienmitglieder spielt sich hauptsächlich in der Küche mit dem großen Esstisch ab. Direkt neben dem Essbereich führt eine Flügeltür auf den Balkon. Von hier aus genießen die vier den Blick über den Hinterhof und auf das alte Kutschenhaus, das gerade generalsaniert wird.

Die Anforderungen an diesen Balkon waren schnell klar: Es galt, die Außenfläche als Erweiterung des Ess- und Küchenbereichs zu optimieren. Wir haben also einen Grillplatz gebaut – bestehend aus einem Frames-Regal für Kräuter und einer Tischplatte zum Abstellen des Gasgrills. Darunter finden eine Gasflasche und Getränkekisten Platz.

Der große Esstisch in direkter Reichweite macht einen zusätzlichen Tisch auf dem Balkon überflüssig. Stattdessen gibt es nun eine gemütliche Eckbank mit Stauraum in Form von ausziehbaren Holzkisten. Ausgepolstert mit Kissen laden die hohen Seitenteile der Bank zum bequemen Anlehnen ein. Verbunden sind die beiden Bänke über eine kleine Kastenkonstruktion. Sie ist Abstellfläche für Kerzen, Getränke oder Ähnliches und fungiert gleichzeitig als Ständer für den Sonnenschirm. Wenn an heißen Tagen die Sonne auf die frei schwebende Großstadt-Oase brennt, sorgt der Sonnenschutz für eine gemütliche Lounge-Atmosphäre. Zudem wird der Schirm zum gewünschten Sichtschutz. An nassen Tagen verschwinden die Polster ruckzuck in einer der Kisten und bleiben gut geschützt.

DAS BALKONINTERVIEW

Studio Faubel: Wie wichtig ist für euch euer Balkon?

Susanne: Sehr wichtig! Auch wenn wir momentan noch gar nicht so viel Zeit auf dem Balkon verbringen ... Die meiste Zeit sind wir in unserer Wohnküche. Da der Esstisch direkt vor der Balkontür ist, sind wir im Sommer bei geöffneten Türen gefühlt auch draußen.

SF: Wann seid ihr auf eurem Balkon?

S: Morgens und abends. Es ist eindeutig ein Kaffee- und Feierabendbalkon.

SF: Wo ist euer Lieblingsplatz auf dem Balkon?

S: Es gibt zwei Stühle und einen kleinen Tisch, mehr Platz ist momentan nicht. Von einem Lieblingsplatz kann man also nicht direkt sprechen.

SF: War der Balkon ausschlaggebend bei der Wohnungswahl?

S: Absolut!!! Eine Wohnung ohne Balkon ... für uns undenkbar. Auch wenn es unseren Balkon beim Einzug noch gar nicht gab, hatten wir zum Glück eine Baugenehmigung dafür.

PRAKTISCH

Unter der Bank gibt es an nassen Tagen genug Stauraum für Kissen & Co.

Essbares in Greifweite

Wenn Sie gerne mit frischen Kräutern kochen oder Selbstgezogenes direkt vom Balkon naschen, sollten Sie Ihre Blumenkästen mit allerlei Nutzpflanzen bestücken. Toll sind Rosmarin und Minze oder auch Erdbeeren und Mini-Himbeeren.

Wolfi hat die Kästen nicht oben am Geländer angebracht, sondern unten. Als die Kinder noch kleiner waren, konnten sie die verlockenden Früchte gut erreichen und jederzeit selbst ernten. Sie kamen gar nicht erst in Versuchung, sich zum Ernten waghalsig über das Geländer zu lehnen. Zudem dienen die Pflanzen in Bodennähe als Sichtschutz.

SF: Was war die Personenhöchstzahl auf eurem Balkon?

S: ... ähh, keine Ahnung. Zu viert oder zu fünft kann man nett zusammensitzen, allerdings mit Stühlen von drinnen, und die wurden dann ums Eck gequetscht.

*Wolfi ist der Koch und
Grillmeister der Familie.*

WOLFIS TIPP
Mit dem BBQ-Tisch hat jetzt endlich
auch die große Gasflasche ihren festen Platz
und wird durch die Blende verdeckt.

SF: Was fehlt auf eurem Balkon?

S: Irgendwie Gemütlichkeit. Etwas „Loungiges" könnten wir uns sehr gut vorstellen. Die klassische Stuhl-Tisch-Idee haut bei uns als vierköpfiger Familie auf dem Balkon nicht hin, weil es einfach zu eng wird.

SF: Was ist das Wichtigste am Balkon?

S: Da wir in der Stadt wohnen, genießen wir es, auf dem Balkon ein bisschen Natur um uns herum zu haben. Schön sind die Sommerabende, wenn viele Balkone im Hinterhof bevölkert sind und das Leben draußen stattfindet.

SF: Welche Farben mögt ihr auf eurem Balkon?

S: Unser Balkon ist edelstahlgrau, also eher farblos. Ich könnte mir gut einen Sonnenschirm als kleinen Farbtupfer vorstellen.

SF: Beschreibe nun euren Wohnstil!

S: Alt und neu, ein bisschen Design, ein bisschen Flohmarkt, ein bisschen schwedischer Möbelriese. Kunst und Krempel, viel Selbstgemachtes und Selbstgebautes. Typo-Plakate, Grußkarten, Grafiken, Magnete und Prototypen von unserem Papeterie-Label „Herzlichst" schmücken die Wände und finden sich in der ganzen Wohnung wieder.

Heute gibt's Wolfis Thunfisch-Burger und eine vegetarische Variante für Susanne.

GRILLTISCH
für E-Grill
und Kräuter

BOX-COUCH
mit Raum für Kissen
und Utensilien

Anleitungen
auf den Seiten
44 und 62.

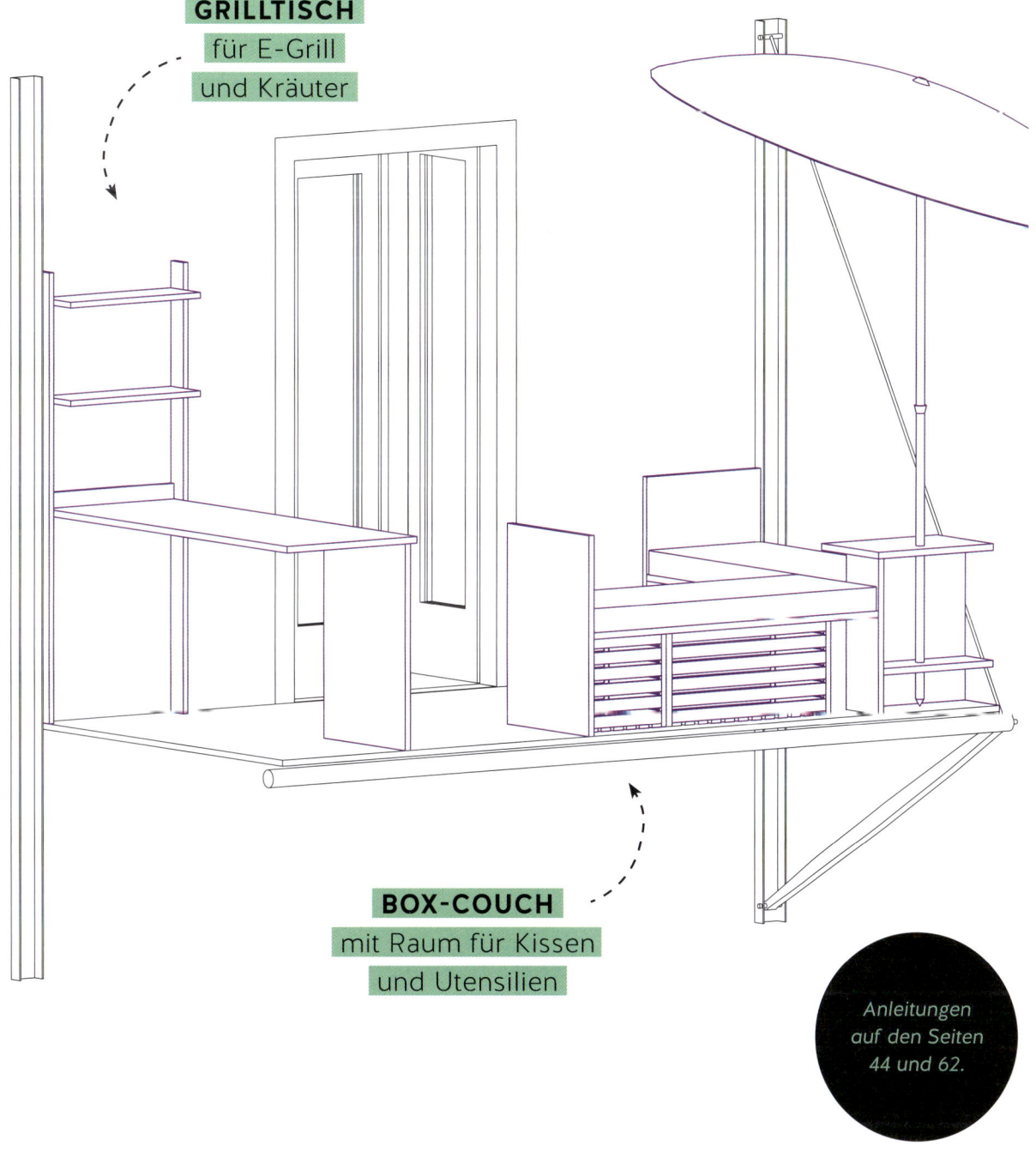

diy

Naturkunst

FUNDSTÜCKE, BUNT VERWICKELT

DAS MATERIAL

- Natur-Fundstücke *(z.B. längliche Kiesel, Totholz, Treibholz)*
- Wollreste *(verschiedene Farben)*
- große Holzperle
- Schere

Schritt 1 Kieselsteine, mitteldicke Äste, Treibholz oder Ähnliches in der Natur sammeln. Die gewünschte Reihenfolge der Fundstücke überlegen. Am besten schließt der Wandbehang vor der Holzperle unten mit einem schwereren Kiesel ab. Oben kann ein leichtes Treibholz sein.

Schritt 2 Ein ca. 40 cm langes Stück Wolle als Aufhängung mittig an das obere Holzstück knoten. Die Wolle eng um das Holzstück wickeln, bis eine durchgehende farbige Fläche entsteht. Mit den letzten 5 cm des Garns das nächste Fundstück anknoten.

Schritt 3 Mit einer anderen Wollfarbe (wieder 40 cm lang) das zweite Fundstück umwickeln. Wie oben in Schritt 2 beschrieben mit dem letzten Garnstück das nächste Objekt befestigen.

Schritt 4 Das Wickeln und Knoten so lange wiederholen, bis der Wandbehang die gewünschte Länge erreicht hat.

Schritt 5 Für den Abschluss das Garn durch die Holzperle fädeln und mehrfach verknoten, sodass die Perle nicht abrutschen kann.

YOGA-LEHRERIN
CHRISTINE

BREATH IN, BREATH OUT – RAUM FÜR STILLE

Der Yoga-Balkon

Ein Balkon kann auch ein Platz zum Innehalten sein. Fernab vom Alltagsstress nutzt Christine ihre Outdoor-Fläche für Yoga und Meditation. Gerade nach Sonnenuntergang wird ihr Balkon zum stimmungsvollen Wohlfühlraum mit Kerzenschein.

BEWUSSTES SEIN ERWEITERN

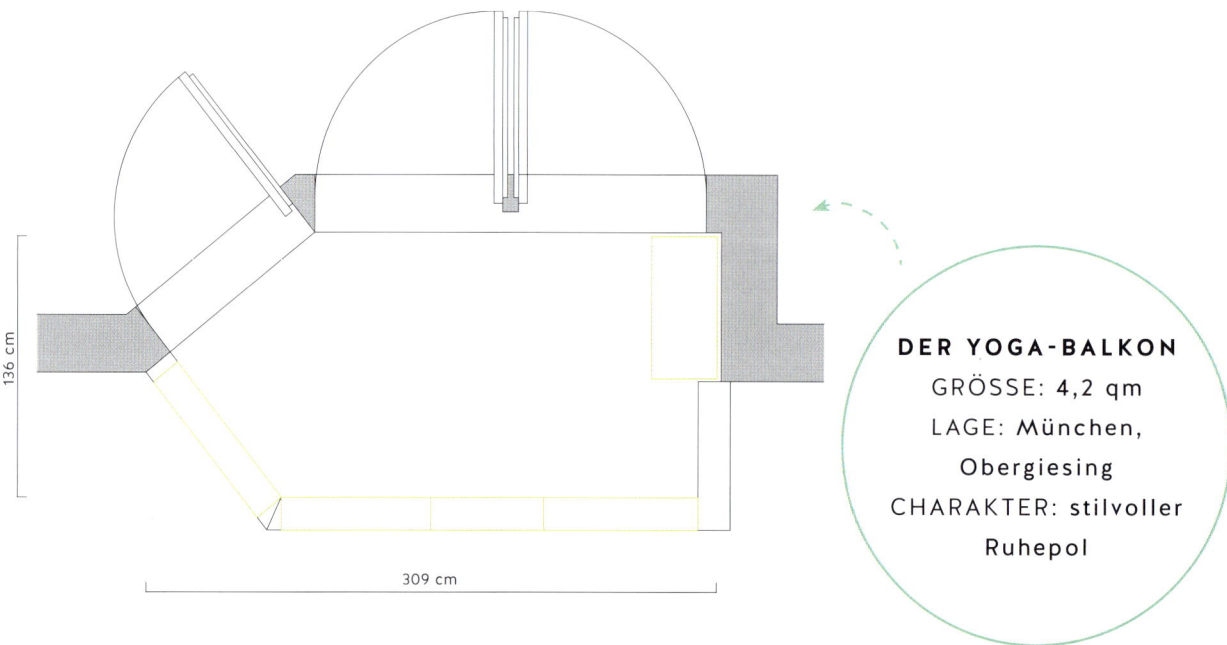

136 cm

309 cm

DER YOGA-BALKON
GRÖSSE: 4,2 qm
LAGE: München,
Obergiesing
CHARAKTER: stilvoller
Ruhepol

Als uns Christine die Türe zu ihrer Neubauwohnung im Münchner Stadtteil Giesing öffnet, betreten wir klare, stilbewusste Räume mit dezenten, liebevollen Details. Christine hat ein Auge für Schönes. Ihr ausgeprägter Sinn für Ästhetik hat auch viel mit ihrer Arbeit zu tun: Hauptberuflich arbeitet sie als Innenarchitektin in einem Münchner Architektur-Büro. Vor vier Jahren hat sie ihre Yoga-Ausbildung abgeschlossen.

Wir sehen uns in ihrer Wohnung ein wenig um und fühlen uns sofort wohl. Es gibt jede Menge inspirierende Dinge. Überall entdecken wir kleine Mitbringsel von Christines zahlreichen Reisen. Im String-Regal gesellt sich ein goldener Kiwi-Vogel aus Neuseeland zu einem dicken rosa Buddha aus Südostasien. Hier eine handbemalte Schatzkiste, dort eine zum Wohnzimmertisch umfunktionierte alte Truhe. Ausge-

wählte Objekte vom Flohmarkt mischen sich mit Erbstücken und ein paar Design-Klassikern. Die Erinnerungsstücke in der Wohnung erzählen von besonderen Situationen aus Christines Leben, ihrer Liebe die Welt zu entdecken und nahestehenden Menschen.

ALLES IM FLOW!

Yoga spielt für Christine eine ganz besondere Rolle. Denn durch die Yoga-Praxis gelangt mehr Zufriedenheit, Ausgeglichenheit und Stabilität ins Menschsein. Yoga erweitert das Bewusstsein für sich selbst und anderen Menschen gegenüber. Aus dieser tiefen Überzeugung heraus unterrichtet Christine nebenberuflich Vinyasa-Yoga in einem Yoga-Studio im Herzen Münchens. Sie verbindet gerne Beruf und Berufung. So bietet sie ihren Kollegen im Architektur-Büro einmal die Woche die Möglichkeit, einer Yo-

ga Stunde beizuwohnen. Um auch zu Hause Meditation und Yoga praktizieren zu können, hat sich Christine einen Balkon mit viel Freiraum gewünscht.

CHRISTINES NEUER BALKON

Der Balkon befindet sich im dritten Stock auf der Südseite des Wohnhauses. Als Verlängerung des Wohnzimmers will Christine ihren Balkon auch als Yoga-Raum nutzen. Dafür haben wir uns eine besondere Art unseres Frames-Systems ausgedacht – passgenau für die Attika der Balkonumrandung: Unterhalb der Balkonbrüs-

tung und einmal ringsherum verläuft eine Frames-Ablage. Sie bietet Platz zum Abstellen von Pflanzen, Kerzen und allerlei Accessoires. Zum Verstauen der Yoga-Utensilien dient ein Box-Sideboard mit Deckel, das sich unter der Balkonleuchte befindet. Versteckt im Inneren der Kiste befindet sich nun auch die Steckdose. Hier kann z. B. ein kleiner Lautsprecher angeschlossen werden, um eine Meditation mit begleitender Musik zu unterstützen. Die Kiste dient gleichzeitig als Sitzmöglichkeit, um die wohltuende Tasse Tee am Abend auf dem Balkon gemütlich genießen zu können.

DAS BALKONINTERVIEW

Studio Faubel: Wie wichtig ist dir der Balkon?

Christine: Der Balkon ist für mich sehr wichtig! Auf meinem Balkon habe ich das Gefühl, mir ein Stück Natur in die Stadt zu holen. Außerdem liebe ich es einfach, die Möglichkeit zu haben, jederzeit mal kurz rauszugehen und tief durchzuatmen.

SF: Wann bist du auf deinem Balkon?

C: Ich mag besonders den Morgen auf dem Balkon. Vor der Arbeit trinke ich meinen Kaffee am liebsten im Freien und schnappe frische Luft.

SF: Und was machst du am liebsten auf deinem Balkon?

C: Am allerliebsten mag ich draußen frühstücken, mit Freunden Backgammon spielen, Pflanzen hegen und pflegen, meditieren – und natürlich Yoga!

SF: Welche Pflanzen hast du besonders gerne auf deinem Balkon?

C: Meine Lieblingspflanze ist mein kleiner Weidenbaum. Er ist einfach so und ganz plötzlich in

CLEVER

Praktischer Stauraum für Yoga-Utensilien mit integriertem Stromanschluss!

Achtsame Glücksmomente

Ich-Zeit: Machen Sie Ihren Balkon zu Ihrem ganz besonderen Lieblingsplatz. Hier ist ein guter Ort, um eine Auszeit vom Alltag zu nehmen und dem Hier und Jetzt mit Achtsamkeit und Wertschätzung zu begegnen.

Umgeben Sie sich mit Dingen, die Sie inspirieren. Das können Fundstücke aus der Natur, Kerzen oder auch persönliche Gegenstände und Reisemitbringsel sein.

Schon 5 Minuten Auszeit täglich (wenn möglich zur gleichen Zeit) reichen aus, um Körper und Geist mehr in Einklang zu bringen. Auch ätherische Öle bewirken Wunder. Mit einer Duftlampe schaffen Sie die passende Atmosphäre auf Ihrem Balkon.

meinem Balkonkasten gewachsen. Ich habe ihn nun bestimmt schon seit mindestens 5 Jahren. Hat mir wohl ein Vogel geschenkt ... Und ich liebe Glockenblumen!

Mit natürlichen Aroma-
Ölen werden die Sinne
in Ihrer Yoga-Praxis
zusätzlich stimuliert.

CHRISTINES TIPP
Mit Kerzen in verschiedenen Größen,
Farben und Formen lässt sich schnell und
einfach eine tolle Atmosphäre zaubern!

SF: Was ist für dich das Wichtigste bei der Balkongestaltung?

C: Mir ist es besonders wichtig, dass es lauschig und gemütlich ist. Mein Balkon soll ein einladender Außenraum zum Wohlfühlen sein. Und er soll mir zusätzlich durch eine harmonische Gestaltung Freiraum bieten, um vom Stress des Alltags runterzukommen.

SF: Welche Farben magst du auf dem Balkon?

C: Am liebsten mag ich Pastellfarben. Und es darf gerne bunt und fröhlich sein.

SF: Beschreibe deinen Wohnstil!

C: Mein Wohnstil ist eine Mischung aus Erbstücken, Flohmarktmöbeln sowie ein paar ausgewählten Designer-Stücken. Außerdem gibt es Selbstgemachtes und einige Erinnerungsstücke, die mich an besondere Situationen, Urlaube oder Personen erinnern. Wenn ich auf dem Flohmarkt nach Möbeln stöbere, halte ich bevorzugt nach Stücken aus den 1950er- und 60er-Jahren Ausschau.

In unterschiedlichen Höhen wirkt die Frames-Ablage leicht verspielt und lebendig.

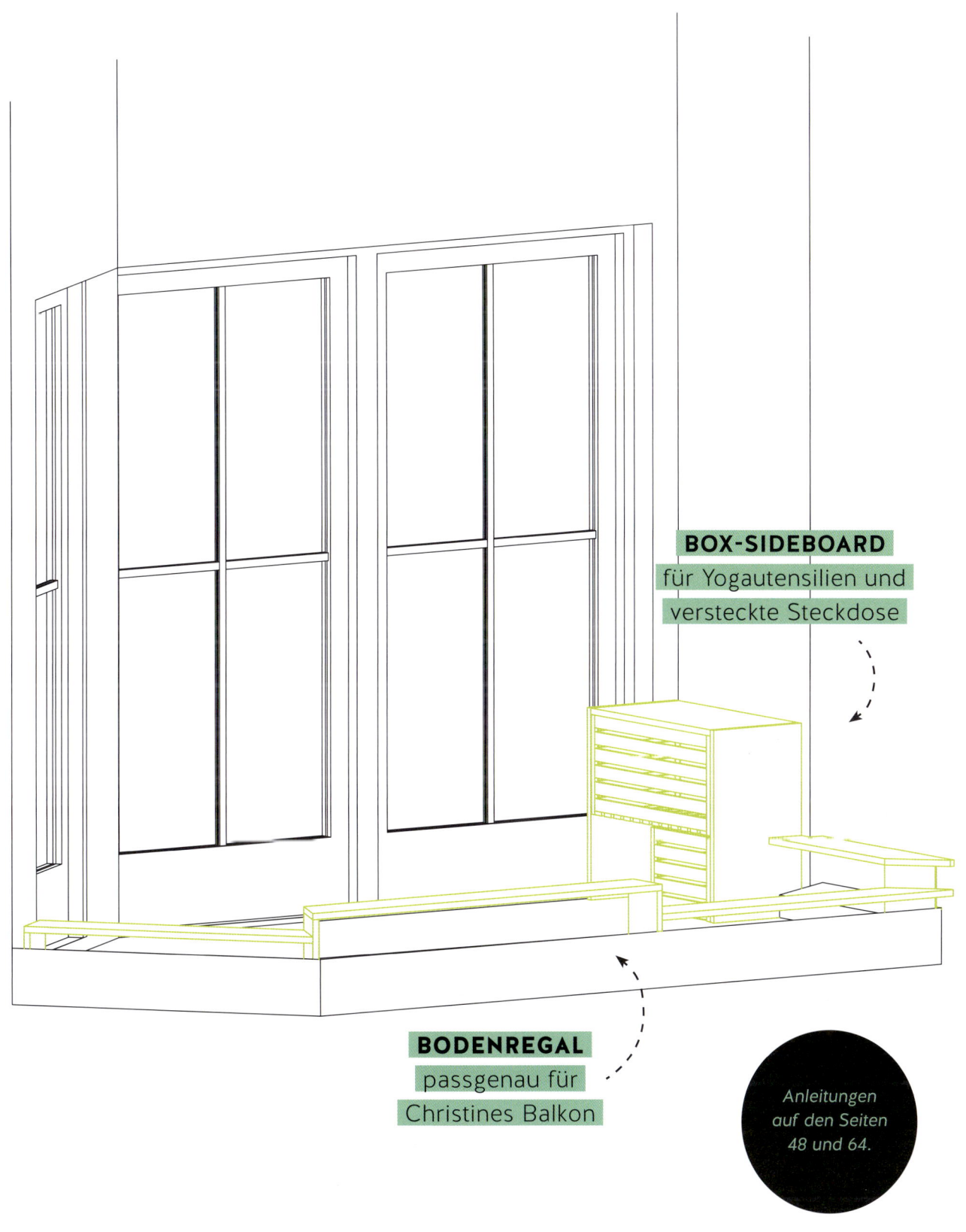

BOX-SIDEBOARD
für Yogautensilien und
versteckte Steckdose

BODENREGAL
passgenau für
Christines Balkon

Anleitungen
auf den Seiten
48 und 64.

Tratak

IN DER RUHE LIEGT DIE KRAFT

fähigkeit. Sie füllt den Geist mit Licht und Positivität und verhilft zu Ruhe und Gelassenheit: Die Kerzen-Meditation ist ein idealer Tagesabschluss vor dem Schlafengehen.

Schritt 1 Für eine entspannte, etwas abgedunkelte Atmosphäre sorgen. Die Yoga-Matte, das Kissen oder den Block als bequeme Unterlage für eine aufrechte Sitzposition (z. B. Schneidersitz oder Fersensitz) wählen.

Schritt 2 Im Abstand von ca. 1 m eine brennende Kerze aufstellen. Zu Beginn der Meditation die Augen schließen und ein paar Mal tief ein- und ausatmen.

Schritt 3 Die Augen öffnen, in die Kerzenflamme schauen und den Blick darauf ruhen lassen. Dabei die Augen so lange wie möglich – ohne zu blinzeln – geöffnet halten. Ein leichtes Tränen ist beabsichtigt und hat einen reinigenden Effekt für die Augen. Es sollte allerdings nicht unangenehm brennen.

Schritt 4 So lange wie möglich in die Flamme blicken. Nach ein paar Minuten die Augen sanft schließen und sich auf das Nachbild der Flamme vor dem inneren Auge konzentrieren, bis es ganz verschwunden ist.

Schritt 5 Zum Abschluss die Handflächen schnell aneinander reiben und auf die Augenlieder legen. Die wohltuende Wärme entspannt die Augen.

DAS MATERIAL

- Kerze
- gemütliche Kleidung
- eine Yoga-Matte, ein Yoga-Kissen oder ein Kork-Block

Mit nur wenigen Hilfsmitteln lassen sich achtsame Momente im Alltag integrieren. Eine Kerzen-Meditation, im Yoga auch „Tratak" genannt, reinigt die Augen und stärkt die Konzentrations-

HELENA UND LILY

BETTER TOGETHER – ZUSAMMEN IST MAN WENIGER ALLEIN!

Der WG-Balkon

In einer Wohngemeinschaft hat jeder Bewohner seinen eigenen Lebensrhythmus. Gerade da ist es wichtig, einen Platz zu haben, an dem sich alle Mitbewohner austauschen können. Neben der Wohnküche ist das in der Sendlinger WG jetzt auch der Balkon geworden.

ENDLICH GESELLSCHAFTSTAUGLICH

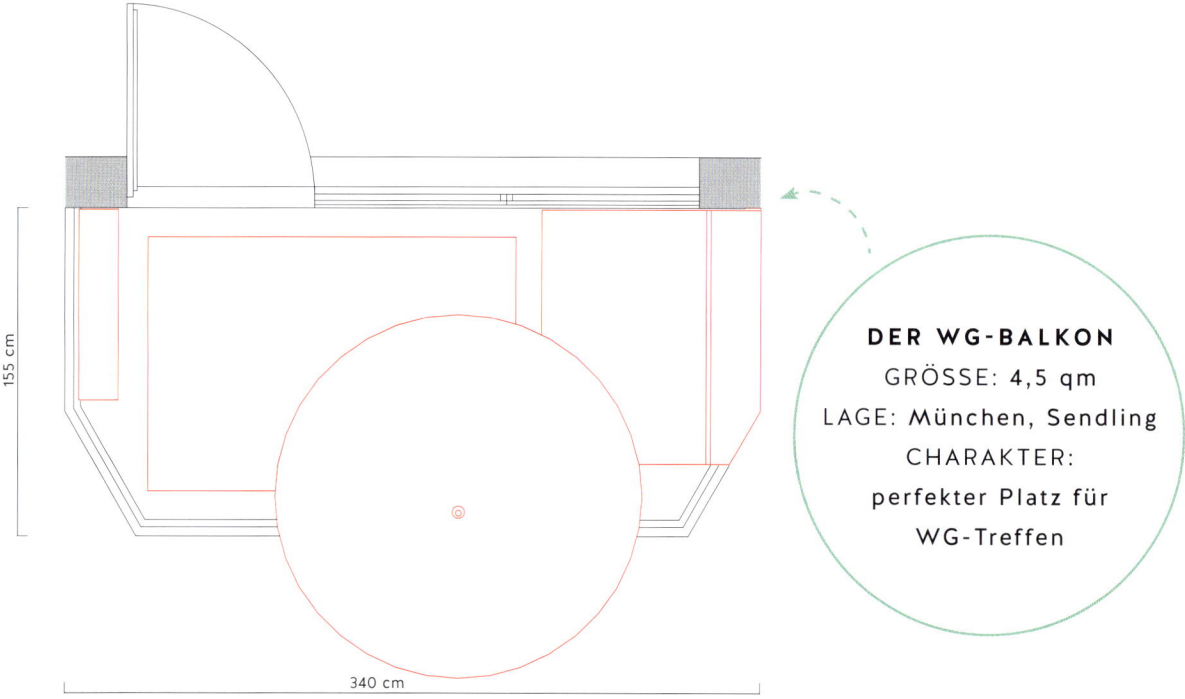

DER WG-BALKON
GRÖSSE: 4,5 qm
LAGE: München, Sendling
CHARAKTER:
perfekter Platz für
WG-Treffen

„Kommt rein! Schön, dass ihr da seid!" Helena hat uns ein köstliches Frühstück gemacht. Doch zuerst führt sie uns durch ihre Wohngemeinschaft. Drei junge Frauen wohnen hier in einem 80er-Jahre Bau im Münchener Stadtteil Sendling. Überall in der Wohnung hängen Grafiken und Deko-Elemente, die Helena während ihrer Ausbildungszeit entworfen hat. „Visual Merchandising" bei einer bekannten schwedischen Modehauskette, gerade erfolgreich abgeschlossen. „Jetzt will ich aber lieber studieren und Grundschullehrerin werden.", sagt sie nachdenklich.

RAUS AUS DER KÜCHE!

Das Herz der Wohnung? Wie es sich für eine richtige WG gehört, ist das natürlich die große Küche, in der wir jetzt sitzen und gemütlich frühstücken. Helena schläft in einem der bei-

den kleineren WG-Zimmer. Im größeren Raum schläft Lily, die gleichzeitig Vermieterin ist.

Der Zugang zum Balkon ist im großen Zimmer. Betreten für alle Mitbewohnerinnen erlaubt! So richtig extrem „tiny" ist der WG-Balkon mit seinen 4,5 Quadrtametern gar nicht. Aber trotzdem wird er kaum genutzt. Schade eigentlich. Denn an schönen Tagen oder lauschigen Abenden könnte der Balkon der ideale Platz für gesellige WG-Treffen sein. Bisher sitzen die Frauen nur in der Küche oder ab und zu mal auf dem Sofa im geräumigen Flur zusammen. Toll wäre eine schöne Outdoor-Lounge-Ecke, sicherlich auch ein reizvoller Treffpunkt auf den nächsten WG-Partys. Und Pflanzen? Ja, ein paar ... aber nicht zu viele und auf jeden Fall pflegeleicht. Denn in einer Wohngemeinschaft sind grüne Daumen ein knappes Gut. Deshalb setzen

die jungen Frauen lieber auf wenige, genügsame Pflanzen.

DER NEUE BALKON

Der WG-Balkon befindet sich auf der Ostseite im Hochparterre des Wohnkomplexes. Vormittags knallt die Sonne hier ganz schön. Das macht die Bepflanzung etwas schwierig, da den drei sehr beschäftigten Frauen schlicht die Zeit zum Gießen fehlt. Ein ordentlicher Sonnenschutz muss her! Wir bringen an der Balkonbrüstung einen Ständer an, in dem ein großer Sonnenschirm Halt findet.

Dann machen wir uns an die gemütliche Ecke, in der die Mitbewohnerinnen zusammen abhängen, anstoßen und das Leben bequatschen können. Ein Lounge-Sofa, das auf vier Getränkekisten ruht. Praktisch zum Aufklappen und Verstauen von diversen Dingen.

Für Pflanzen, Kerzenständer und weitere Accessoires bauen wir direkt rechts neben der Balkontür ein kleines Regal. Ein Outdoor-Teppich mit grafischem Schwarz-Weiß-Muster verdeckt den schmucklosen Balkonboden und schafft draußen eine wohlige Wohnzimmer-Atmosphäre.

DAS BALKONINTERVIEW

Studio Faubel: Wie wichtig ist für euch als Wohngemeinschaft der Balkon?

Helena: Sehr wichtig! Denn wir haben kein Wohnzimmer, in dem wir uns zusammen aufhalten können. Und da wir durch unsere verschiedenen Beschäftigungen doch teilweise sehr aneinander vorbeileben, ist es toll, den Balkon als zusätzlichen kleinen gemeinsamen Treffpunkt zu nutzen. Im Sommer verbringen wir gerne viel Zeit draußen. Vor allem in lauen Nächten, wenn mal alle zu Hause sind. Und das geht jetzt seit dem Umbau auf unserer chilligen Getränkekisten-Couch richtig gut!

SF: War der Balkon ausschlaggebend bei der Wohnungswahl?

H: Ja, auf jeden Fall! Ich kann mir nicht vorstellen, in einer Stadt zu wohnen, ohne eine Möglichkeit zu haben, nach draußen zu gehen. Sei es eine Terrasse, ein Garten oder ein kleiner Balkon, wie wir ihn haben.

SF: Was war die Personenhöchstzahl auf eurem Balkon?

H: Das waren bestimmt 8 bis 10 Leute, wenn wir mal wieder eine WG-Party veranstaltet haben.

MATERIALLAGER
Einfach und zweckmäßig:
Getränkekisten als Stauraum mit
aufklappbarer Sitzfläche.

tipp

Unschöne Sachen kommen in die Kiste!
Gerade in einer WG ist Stauraum oft Mangelware. Unter dem neuen Balkon-Sofa lassen sich Putzzeug, Kehrblech mit Handfeger und andere unschöne Objekte schnell verstauen. Damit nicht so viel ans Gießen gedacht werden muss, gibt es möglichst pflegeleichte Pflanzen, die nur dezent eingesetzt werden. Stattdessen wird der Balkon eher mit kleinen DIYs und Deko-Elementen wie bunten Lampions verschönert, die nicht vertrocknen können.
Im Sommer darf auch mal die Zimmerpalme nach draußen. Das schafft Urlaubsatmosphäre im Outdoor-Zimmer.

SF: Was macht ihr am liebsten auf dem Balkon?
H: Seit unser Balkon die neue gemütliche Sitzecke hat, quatschen wir dort am liebsten Nächte lang bei Kerzenschein, mit einem leckeren Glas Wein und unserer Lieblingsmusik im Hintergrund.

Der Schirmständer ist einfach und schnell selbst gebaut. Mit Kabelbindern an der Brüstung montieren – fertig!

HELENAS TIPP

Gut ist ein Farbkonzept, das allen Mitbewohnern gefällt. Was nicht ins Farbschema passt, wird umgesprüht oder fliegt raus.

SF: Was hat euch auf eurem Balkon besonders gefehlt?

H: Wir wollten schon immer einen kleinen „Kuschel-Bereich", in dem man sich richtig wohl fühlt und sich morgens sonnen oder auch liegend frühstücken kann.

SF: Was hat euch an eurem Balkon am meisten gestört?

H: Uns hat vor allem der Boden gestört. Durch die Erdgeschosslage der Wohnung kommt sehr viel Schmutz auf unseren Balkon. Wir benötigten also einen schönen Boden, den man gut

sauber halten kann. Den wir nun haben. Der Outdoor-Teppich aus Kunststoff ist grafisch ein Hingucker und fügt sich perfekt in unser schwarz-weißes Farbkonzept. Auch bei Regen kann er draußen liegen bleiben, und im Sommer können wir auch mal Barfuß den Balkon betreten.

SF: Bitte beschreibe euren Wohnstil!

H: Als Wohngemeinschaft mit mehreren Parteien ist es sehr, schwer einen einheitlichen Wohnstil festzulegen bzw. zu haben. Jede von uns dreien bringt eben das mit ein, was ihr gefällt.

Genügend Sitzmöglichkeiten für die ganze WG plus Besuch!

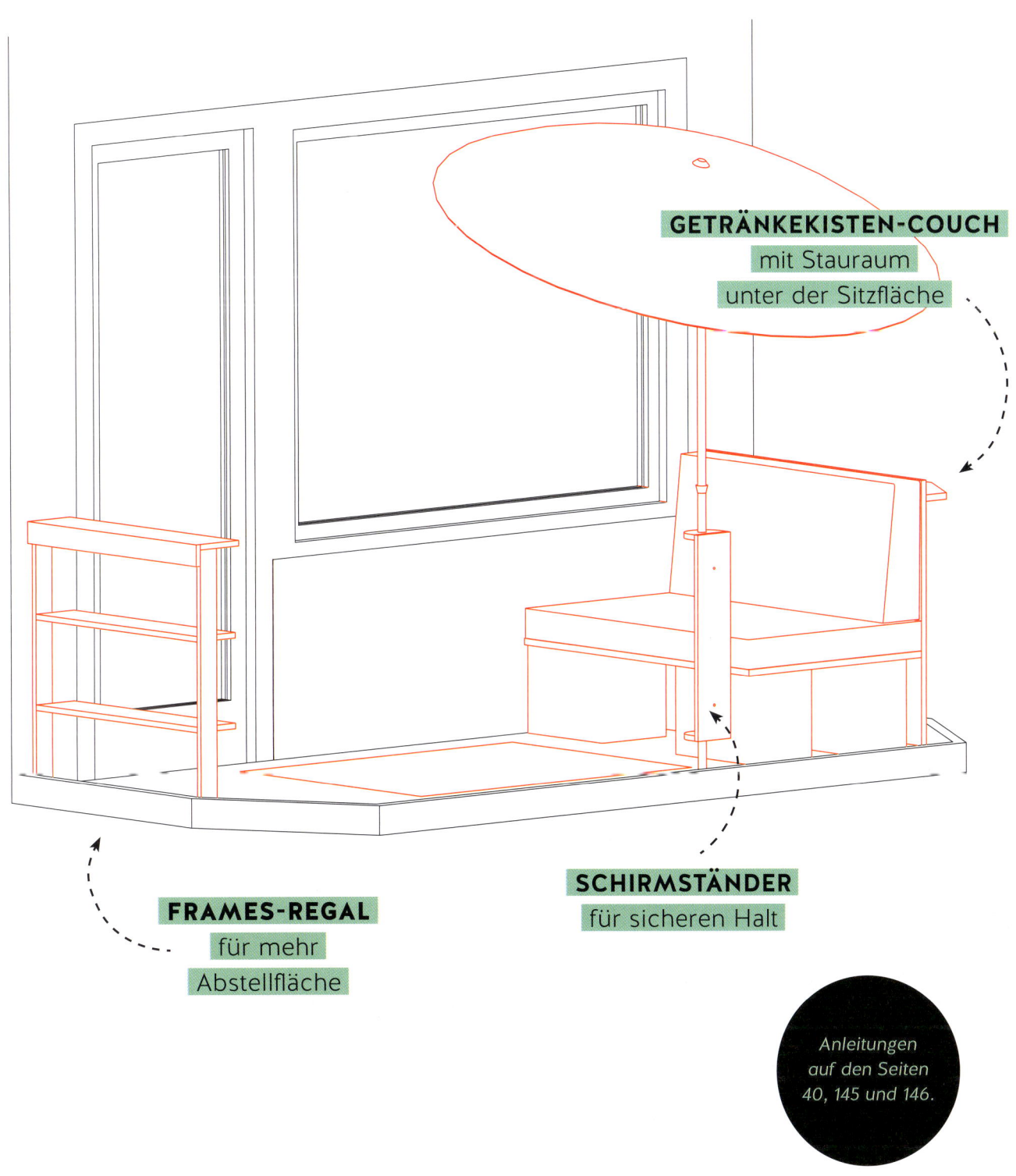

GETRÄNKEKISTEN-COUCH
mit Stauraum
unter der Sitzfläche

SCHIRMSTÄNDER
für sicheren Halt

FRAMES-REGAL
für mehr
Abstellfläche

Anleitungen
auf den Seiten
40, 145 und 146.

Wimpel & Deko

UTENSILIEN FÜR DEN MÄDELS-ABEND

Schritt 1 Als Vorlage für die Wimpelgirlande eine Dreiecksform auf Pappe aufzeichnen und ausschneiden.

Schritt 2 Jede Wimpelform mithilfe der Vorlage doppelt auf das Waschpapier zeichnen. Dabei berühren sich immer zwei Dreiecke an der kurzen Seite (das wird später der Falz).

Schritt 3 Je nach Wunschlänge der Girlande 8–10 Doppeldreiecke ausschneiden. Die Wimpel mittig (am Falz) zusammenklappen, sodass die goldene Seite nach außen zeigt.

Schritt 4 Wimpel aufklappen und Bastelkleber auf die Innenseite auftragen. Die Juteschnur in den Falz legen und Wimpel wieder zuklappen. Kurz zusammendrücken. Die Wimpel im Abstand von ca. 10 cm an die Schnur kleben. Fertig!

Schritt 5 Für die passende Tischdeko einzelne Dreiecke mit der goldenen Seite nach oben auf Teller legen. Aus Waschpapierresten kleine Fähnchen als Namensschilder schneiden, beschriften und mit der Klammer am Wimpel befestigen. Holzbesteck mit Jutegarn umwickeln.

Schritt 6 Aus Waschpapierstreifen (ca. 10 cm x 5 cm) dünne Fransen (ca. 9 cm x 5 mm) schneiden. Um den Schaschlik-Spieß wickeln und mit Washi Tape fixieren.

DAS MATERIAL

- Pappe *(ca. DIN A5)*
- Bleistift
- schwarzer Filzmarker
- Schere
- golden beschichtetes Waschpapier
- Juteschnur
- Bastelkleber
- schöne Klammern
- Holzbesteck
- Schaschlik-Spieße
- Washi Tape

HOMEGROWN – DER STADTBALKON FÜR SELBSTVERSORGER

Der Bauern-
garten-Balkon

Obwohl Silvias Balkon eher einer von der schattigen Sorte ist, hat sie viele Nutz- und Zierpflanzen gefunden, die sich bei ihr wohlfühlen. So finden sich neben Gartenkräutern auch allerlei Gemüse- und Obstsorten, die in der angrenzenden Küche gleich weiterverarbeitet werden.

ERTRAGREICH FÜR LEIB UND SEELE

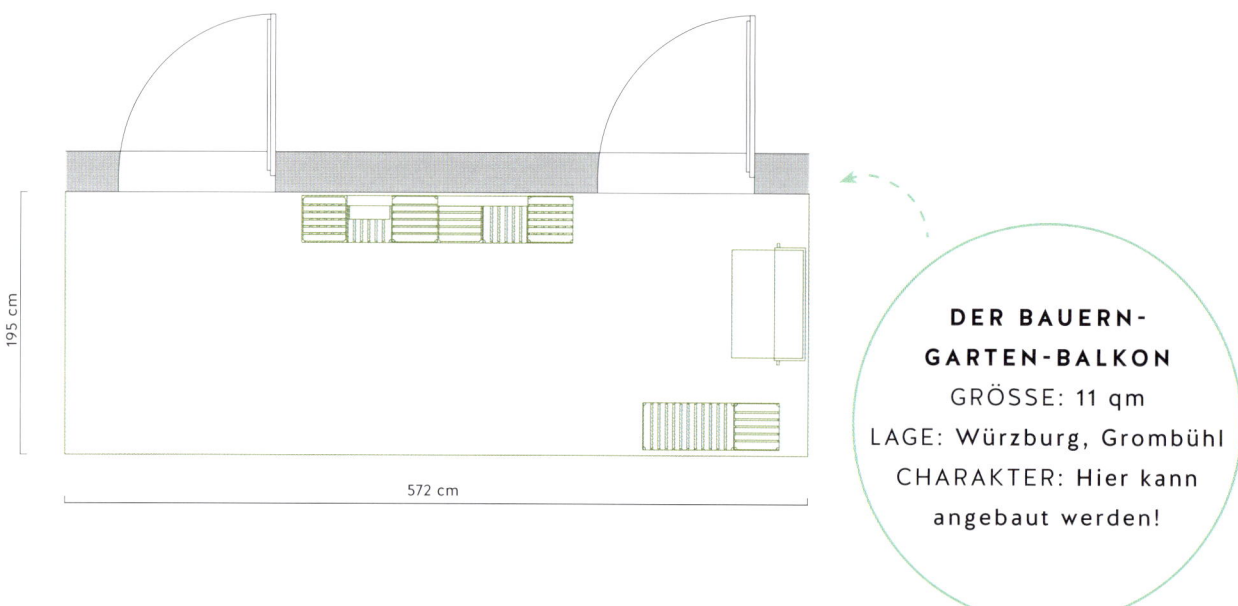

195 cm

572 cm

**DER BAUERN-
GARTEN-BALKON**
GRÖSSE: 11 qm
LAGE: Würzburg, Grombühl
CHARAKTER: Hier kann
angebaut werden!

Wer im Internet nach Selbstversorger- oder Bauerngarten-Balkon googelt, findet Silvia alias das »Garten Fräulein« mit höchster Wahrscheinlichkeit unter den ersten Treffern. Silvia ist ein echter Pflanzen-Nerd! Sie liebt es, Pflanzen um sich zu haben – sei es in der Wohnung, im urbanen Gemeinschaftsgarten oder auf ihrem Balkon. Das Gärtnern ist für die 33-Jährige inzwischen viel mehr als nur ein Hobby: Silvia betreibt ihren Gartenblog hauptberuflich, bereits seit über drei Jahren. Dazu gibt es einen sehr erfolgreichen Instagram-Account und ganz neu den Podcast „Grün auf den Ohren" mit Pflanzentipps to go. Mit großer Leidenschaft bietet sie ihren Followern Wissenswertes zum Thema Balkongarten oder Urban Gardening. Wer direkt loslegen will, findet in ihrem kleinen Online-Shop auserwähltes Gartenzubehör, Saatgut-Boxen und diverse Bücher vom „Garten Fräulein".

EIN ORT ZUM BLOGGEN

Wir kennen Silvia bereits von verschiedenen Blogger-Veranstaltungen. Insofern hatten wir unsere Blogger-Freundin sofort auf dem Schirm, als wir geeignete Protagonisten für unsere Kategorie „Bauerngarten-Balkon" suchten. Lustigerweise war für Silvia der Balkon nicht ausschlaggebend bei der Wohnungswahl: „Als wir hier vor 6 Jahren eingezogen sind, hätte ich nie gedacht, dass ein Balkon für mich mal so wichtig – sogar existenziell – sein würde. Heute könnte ich mir ein Leben ohne grünes Zimmer auf keinen Fall mehr vorstellen."

Wirklich „tiny" ist Silvias Balkon ehrlich gesagt nicht. Deswegen entwickelten wir nicht nur Kreativ-Ideen rund um da Thema Pflanzen, sondern brainstormten zusätzlich über die Gestaltung eines temporären Home-Office. Ein

Outdoor-Plätzchen im geliebten Grün, an dem Bloggerin und Silvia beseelt schreiben kann.

SILVIAS NEUER BALKON

Der große Balkon befindet sich im zweiten Stock eines Stadthauses im schönen Würzburg. Hier wird nicht nur fleißig gepflanzt und gewerkelt, sondern auch geschrieben, fotografiert und dokumentiert. Der Balkon ist eine inspirierende Mischung aus Garten, Wohnbereich und Büro.

Begonnen haben wir mit einem dekorativen Pflanzenbereich. Wir integrierten Kisten, Regal und Rankgitter zwischen die beiden hohen Türen. So ist ein toller Platz entstanden, an dem verschiedenste Nutz-und Zierpflanzen gedeihen und fotografiert werden können. Die Kisten bieten eine angenehme Arbeitshöhe und zusätzlichen Stauraum. Ein gemütlicher Essbereich aus zwei Stühlen und einem Tisch befindet sich gegenüber der Küche. In der anderen Ecke hängt nun ein Klappsekretär an der Brüstung: Silvias neues Outdoor-Office! Hohe Topfpflanzen dienen als Sichtschutz. Für noch mehr Privatsphäre kann Silvia eine Pflanzenwand auf zwei umgedrehten Kisten wachsen lassen.

DAS BALKONINTERVIEW

Studio Faubel: Wie wichtig ist dir der Balkon?

Silvia: Der Balkon ist für mich unverzichtbar. Er dient mir nicht nur als Wohlfühlort und zum Anbau von Kräutern und Essbarem, sondern ist gleichzeitig mein Arbeitsplatz. Ohne Balkon könnte ich meinen Job als Garten-Bloggerin gar nicht machen.

SF: Zu welcher Tageszeit bist du normalerweise auf deinem Balkon?

S: Im Sommer sehr gerne morgens, um Kaffee zu trinken und in Ruhe in den Tag zu starten. Abends drehe ich meine Gießrunden, ernte und zupfe an den Pflanzen herum.

SF: Und wieviel Zeit verbringst du pro Tag auf dem Balkon?

S: Ich muss gestehen, dass ich diese Frage immer ein wenig merkwürdig finde. Denn genau das ist doch das Tolle am Balkon oder beim Gärtnern: Zeit spielt plötzlich keine Rolle mehr! Ich schaue am Balkon nicht auf die Uhr oder bin gestresst oder genervt von den Arbeiten, die dort anfallen. Ganz im Gegenteil: Kaum bin ich auf dem Balkon, wird Zeit völlig egal.

SF: Was fehlt dir auf deinem Balkon?

VERSTECKT
Hier lassen sich allerlei Garten-Utensilien verstauen.

tipp

Balkonkräuter haltbar machen

Mediterrane Kräuter wie zum Beispiel Rosmarin, Thymian oder Lavendel lassen sich übrigens wunderbar trocknen. Einfach als Sträußchen zusammenbinden und kopfüber aufhängen. Manchmal verarbeitet Silvia ihr Trockengut zu tollen Kräutersalzen weiter.

Frisch legt sie mediterrane Kräuter gerne in Öl ein – verfeinert mit Chili und Knoblauch. Pfefferminze ist ideal für Tee, sowohl frisch als auch im getrockneten Zustand. Schnittlauch, Petersilie oder Basilikum friert sie kleingeschnitten als Eiswürfel ein. So hat Silvia stets selbst geerntete Kräuter zum Würzen im Gefrierfach griffbereit.

S: Neben etwas mehr Sonne eine richtig gemütliche Sitzecke. Außerdem wären Verstaumöglichkeiten für meine Garten-Utensilien und die Blumenerde wichtig.

Silvia verbindet Schönes
mit Nützlichem. Viele
ihrer Balkonpflanzen
sind essbar.

SILVIAS TIPP
Wenn Sie Saatgut von Ihren
leckersten Tomaten vermehren wollen,
brauchen Sie samenfeste Sorten.
Tipps dazu auf meinem Blog!

SF: Wie verbringt dein Balkon den Winter?

S: Auf einer Seite lagere ich die mehrjährigen Pflanzen – gut eingepackt in Gartenvlies. Die Balkonecke, die man von der Küche aus sehen kann, dekoriere ich immer winterlich. Auf meinem Blog habe ich dazu eine eigene Kategorie und nehme meine Leser mit auf meinen winterlichen Balkon.

SF: Welche Farben magst du auf deinem Balkon besonders gerne?

S: Grau, Holztöne, naturbelassen. Künftig wünsche ich mir Pflanzgefäße, die dezente Farbtupfer setzen. Am liebsten in Pastelltönen.

SF: Was stört dich an deinem Balkon?

S: Leider gibt es so wenig Sonne auf dem Balkon. Erst wenn die Sonne gegen Ende Mai richtig hoch steht, bekommt der Balkon morgens und abends einige Stunden Sonne ab. Dadurch beginnt die Anbausaison relativ spät im Jahr. Im Frühling schaue ich neidisch zu den Nachbarn mit ihren Südbalkonen. Wenigstens muss ich im Sommer nicht so viel gießen und die Wohnung bleibt relativ kühl.

SF: Bitte beschreibe deinen Wohnstil!

S: Design-orientiert, reduziert, ordentlich, viele Einrichtungsgegenstände aus Holz.

Sitzecke, Abstellfläche oder Stauraum – die Holz-Boxen bieten viele Möglichkeiten.

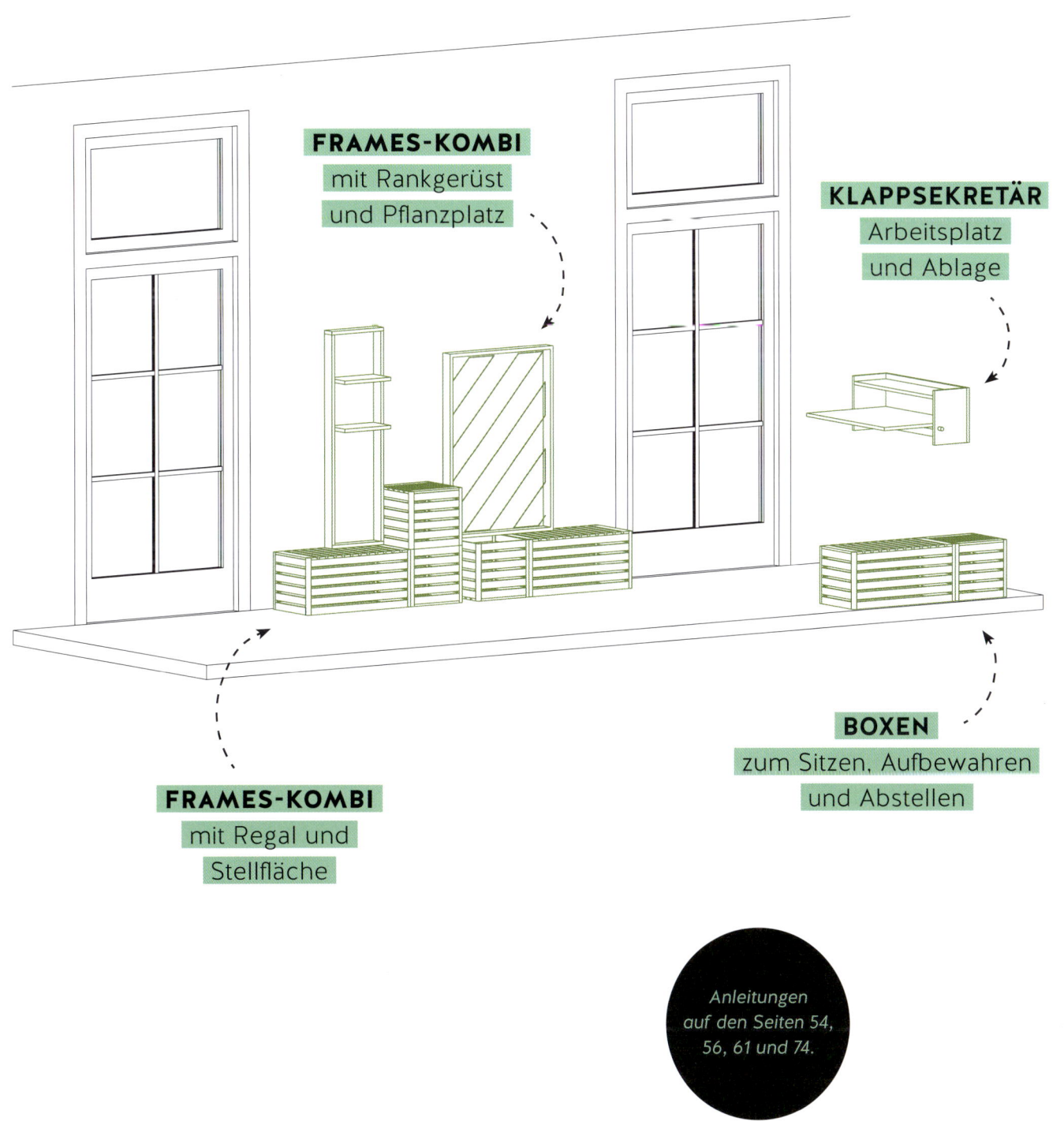

FRAMES-KOMBI
mit Rankgerüst
und Pflanzplatz

KLAPPSEKRETÄR
Arbeitsplatz
und Ablage

FRAMES-KOMBI
mit Regal und
Stellfläche

BOXEN
zum Sitzen, Aufbewahren
und Abstellen

Anleitungen
auf den Seiten 54,
56, 61 und 74.

diy

Etiketten

PFLANZENSTECKER – ÄSTHETISCH UND FUNKTIONAL

DAS MATERIAL

- selbstklebendes Prägeband
- Etiketten-Prägegerät
- Wäscheklammern *(aus Holz)*
- wasserfeste Acrylfarbe, Pinsel
- Schere

Dieses DIY ist wirklich sehr schnell gemacht. Zudem ist es ein nettes Accessoire, wenn Sie zum Beispiel einen Blumentopf mit Kräutern verschenken. Statt handelsüblicher Blumentöpfe können auch besprühte Konservendosen zu Kräutertöpfen umfunktioniert werden. Nicht vergessen: Löcher als Wasserabfluss in den Boden bohren.

Schritt 1 Die gewünschten Kräuter- oder Pflanzennamen mit dem Etiketten-Prägegerät schreiben. Jeweils vor und hinter den Namen mindestens ein Leerzeichen eintippen.

Schritt 2 Falls gewünscht, die Wäscheklammern in der Wunschfarbe einpinseln. Farbe gut trocknen lassen.

Schritt 3 Die Etiketten zurechtschneiden. Die Folien auf den Rückseiten abziehen und die Namensschilder auf die Wäscheklammern kleben. An die Kräutertöpfe klemmen – fertig!

Sicher durchs Jahr

TIPPS FÜR ALLE JAHRESZEITEN VOM „GARTEN FRÄULEIN"

Silvia Appel bloggt alias
„Garten Fräulein"

Studio Faubel: Uns interessiert, was du das Jahr über auf deinem Balkon alles so treibst. Wann beginnt für dich die Arbeit? Was ist im Frühling zuerst zu tun?

Silvia: Meistens fange ich im März an, den Balkon wieder auf Vordermann zu bringen. Da wird erstmal gewischt und gewienert, um die Spuren des Winters zu beseitigen. Die Möbel kommen aus dem Keller, und ich pflanze die ersten bunten Frühblüher. Meinen Oleander, die Kräuter und andere Pflanzen, die draußen überwintert haben, erwecke ich aus ihrem Winterschlaf: Je nach Wetterlage entferne ich Ende März oder Anfang April den Winterschutz aus Vlies und Jute und setze die Pflanzen wieder in Szene.

SF: Welches Saatgut kannst du empfehlen?

S: Ich setze auf samenfestes und biologisches Saatgut. Dort gibt es im Gemüsebereich eine sehr große, schmackhafte und vielfältige Auswahl. Ich mag gerne die Hersteller „ReinSaat" oder „Bingenheimer Saatgut" und für Blumen „Samen Maier" – die haben tolle Wildblumen. Über die Jahre habe ich außerdem einen eigenen Saatgut-Fundus angelegt und tausche gerne im Freundeskreis die besten Sorten aus.

SF: Welches Obst oder Gemüse kannst du besonders empfehlen? Was sind deine Lieblinge?

S: Als Balkongärtnerin muss ich mit den Gegebenheiten meines Balkons arbeiten. Ich habe einen relativ schattigen Balkon. Da gehen leider nicht alle Pflanzen, die ich mir so wünschen würde. Genau das versuche ich Gartenanfängern in meinem Blog zu vermitteln: Arbeite mit deinem Balkon und nicht gegen ihn!

SF: Was sind für dich die wichtigsten Aufgaben im Sommer auf dem Balkon?

S: Da sich Topfpflanzen nicht über ihr tiefes Wurzelwerk selbst mit Wasser versorgen können, ist Gießen das Allerwichtigste. Bereits bei der Bepflanzung des Balkons wähle ich möglichst große und clevere Gefäße, z. B. mit einem integrierten Wasserspeicher. Eine wichtige und schöne Aufgabe ist das regelmäßige Ernten der Pflanzen. Wer Kräuter nach der Blüte zurückschneidet und verwelkte Blütenstände entfernt, regt das Blütenwachstum an.

SF: Wie gehst du im Herbst mit Blumenzwiebeln um? Welche eignen sich für den Balkonkasten am besten?

S: Blumenzwiebeln sollten noch vor dem ersten Frost gesetzt werden. Da ich viele einjährige Nutzpflanzen kultiviere, sind die meisten Pflanzgefäße im Herbst leer. Diese dienen Blumenzwiebeln als neues Zuhause: Tulpen, Traubenhyazinthen, Krokusse und Schneeglöckchen. Blumenzwiebeln stecke ich Schicht für Schicht, wie eine Art „Blumenzwiebeln-Lasagne": zuerst die großen Tulpenzwiebeln, drauf eine Schicht Erde, dann die Traubenhyazinthen, wieder Erde und zum Schluss die kleinen Zwiebeln der Schneeglöckchen. Mit einer Erdschicht und ein paar beherzten Spritzern Wasser abschießen. Schon ist die Frühlingspracht gesichert! In kleine Tontöpfe wird jeweils nur eine Zwiebelsorte gepflanzt. Bei den Tulpen sind vor allem die niedrigen Sorten ideal für den Balkon.

SF: Was machst du im Winter, wenn auf dem Balkon nichts zu tun ist?

S: Gerne dekoriere ich meinen Balkon weihnachtlich. Dann ist auch die beste Jahreszeit, um sich mit neuen Themen zu beschäftigen: Wie möchte ich den Balkon im nächsten Jahr gestalten, welche Sorten will ich unbedingt mal ausprobieren ... Der Saatgut-Vorrat wird sortiert und neues Saatgut bestellt. Außerdem blättere ich liebend gerne in Gartenbüchern und Zeitschriften oder gucke einen ganzen Tag lang gemütlich Gartensendungen im Netz.

SF: Wie machst du Pflanzen winterfest? Welche Materialien eignen sich zum Verpacken?

S: Je nachdem, wie kalt es in deiner Region wird, kommen einige Pflanzen ins Winterlager. Zitronenbäumchen oder Oliven müssen ins Haus. Allerdings dürfen sie nicht im warmen

Wohnzimmer überwintern, sondern mögen es kühl und hell. Auf dem Balkon stülpe ich über die großen Kübelpflanzen ein Gartenvlies und binde es unten mit einer Schnur gut fest. Der Topf wird mit Zeitungspapier und Jute umwickelt. Eine kleine Stelle sollte frei bleiben, um ab und an gießen zu können. Ist besonders schlimmer Frost angesagt, lege ich zusätzlich noch ein paar ausrangierte Decken oder Handtücher auf meine Pflanzen. Sicher ist sicher!

MARCO – MIT MUSIK UND MUSE

SO GENTLE, MAN – DIESER BALKON IST MÄNNERSACHE!

Der Herren-Balkon

Marcos Balkon-Einrichtung beschränkt sich auf das Wesentliche,
wie sich das für einen richtigen Männer-Balkon gehört. Ein gemütlicher
Sitzplatz zum Sinnieren und Reflektieren darf da natürlich nicht fehlen.
Mit einem eigens für Marco kreierten Balkon-Sessel schaffen wir Abhilfe.

DEN TAG AUSKLINGEN LASSEN

120 cm

558 cm

DER HERREN-BALKON
GRÖSSE: 6,6 qm
LAGE: München, Au
CHARAKTER: guter Platz
für gute Gespräche

In Marcos Leben spielt Musik eine bedeutende Rolle. Sein Arbeitszimmer ist gleichzeitig Musikzimmer. Hier stehen diverse Blasinstrumente und Gitarren. Im Wohnzimmer dominiert eine große Schallplatten-Sammlung den Raum.

Unzählige Reiseführer, schöne Prints und Mitbringsel wie eine Marionette aus Südamerika erzählen von einer weiteren Leidenschaft: Marco reist gerne und mag das Abenteuer. Zertifikate an der Wand bescheinigen, dass er schon 5000er bestiegen hat. Auf dem Couchtisch steht immer ein Schälchen mit Snacks, falls spontan Gäste vorbeikommen. Hier wohnt ein sehr weltoffener und interessierter Mensch.

VIELSEITIG UNTERWEGS
Marco hat in Freiburg, Köln und London gelebt und studiert. Als er vor mehr als zehn Jahren nach München kam, promovierte er erstmal in Wissenschaftsgeschichte an der Ludwig-Maximilians-Universität und arbeitete eine Weile als Dozent auf der Museumsinsel. Eine erste Phase der Umorientierung brachte neuen Schwung in sein Leben. Als Veranstaltungsmanager betreute Marco Formate wie den „Kulturstrand", einen beliebten Veranstaltungsort für Partys, Kunst und Musik auf einer Halbinsel in der Isar. Er mischte beim Kurzfilmfest „Drehmomente" mit, und beim Literaturfestival „Hörgang", das die Münchner als Entdeckungsreise zwischen Literatur, Stadtviertel und Architektur schätzen.

Inzwischen ist er Texter, Musiker und freier Schriftsteller. Marco findet die richtigen Worte, ob als Konzepter und Mitgeschäftsführer einer Kommunikations-Agentur oder als Redner für freie Trauungen.

MARCOS NEUER BALKON

Die Wohnung befindet sich in der Münchner Au. Eigentlich braucht Marco in dieser Gegend gar keinen Balkon, weil er ganz schnell an der Isar ist. Trotzdem will er seinen privaten Outdoor-Platz nicht missen.

Für den Herren-Balkon haben wir Marco eine stilgerechte Sitzmöglichkeit entworfen. Unser Lounge-Sessel „Dr. Bö" ermöglicht nicht nur bequemes Verweilen in der Sonne … Dank seiner Steck-Konstruktion kann er mittels Spanngurt schnell auf- und wieder abgebaut werden.

Wie man den Sessel ganz einfach zusammensteckt und mit dem Gurt fixiet, haben wir auf der Seite 73 in mehreren Schritten bebildert. Das ist vor allem für die kalte Jahreszeit sehr praktisch. Denn der Stuhl lässt sich auf ein äußerst handliches Packmaß reduzieren und findet so seinen Platz zum Überwintern in der Garage oder im Keller. Natürlich kann „Dr. Bö" auch einfach auf dem Balkon überwintern. Um die Kanten unserer Balkonmöbel optimal vor Witterung zu schützen, sollten Sie sie beispielsweise mit Wetterschutzlack behandeln. Auf Seite 21 finden Sie einige Tipps dazu.

DAS BALKONINTERVIEW

Studio Faubel: Wie wichtig ist dir dein Balkon?

Marco: Der Balkon ist inzwischen lebenswichtig für mich geworden. Hier sinniere ich gerne, komme zur Ruhe und lasse den Abend bei einem Feierabendbierchen ausklingen.

SF: Wieviel Zeit verbringst du auf dem Balkon?

M: Täglich sicher ein bis zwei Stunden. Auch im Herbst. Ob zum Kaffee am Morgen oder zum Feierabendbierchen mit Freunden.

SF: Und wo befindet sich dein Lieblingsplatz auf deinem Balkon?

M: Natürlich in meinem neuen Stuhl, der ganz und gar großartig ist.

SF: Was stört dich an deinem Balkon?

M: Weil ich ein zu weiches Herz habe, durfte im vergangenen Sommer ein Taubenpärchen auf dem Balkon brüten. Die waren ziemlich undankbar – und kommen jetzt ständig zurück.

SF: Was machst du denn am liebsten auf deinem Balkon?

M: Dem Regen zuschauen.

SF: Was sind deine liebsten Balkonpflanzen?

M: Meine Chilis! Der Balkon erfüllt scheinbar irgendwelche exotischen Kriterien, die die Dinger bei mir wie Unkraut wachsen lassen.

HERREN-GARTEN
Vielseitige Kräuter
für vielseitige Drinks.

Balkonkräuter für leckere Drinks

Ob Mojito, Mint Julep, Old Cuban oder Old Fashioned – frische Minze auf dem Balkon ist das absolute Muss für einen echten Cocktail-Liebhaber. Je nach Vorliebe können Sie ganz unterschiedliche Minz-Sorten anpflanzen: Die Marokkanische Minze und die Pfefferminze sind sehr geschmacksintensiv, die Rundblättrige Minze hat ein etwas lieblicheres Aroma.

Zitronenmelisse, Thymian, Rosmarin und Basilikum eignen sich für diverse Smashes und Juleps. Hier darf experimentiert werden! Vom Thymian-Julep über den Himbeer-Basilikum-Smash bis hin zu eigenen Cocktail-Kreationen. Besonders lecker: Mit Rosmarin lässt sich ein guter Gin Tonic noch toppen.

Chilis auf dem Balkon

Schon seit ein paar Jahren sind Chilis auch hierzulande sehr beliebte Nutzpflanzen. Sie sind vielseitig und relativ leicht zu kultivieren – selbst auf dem Balkon. Chilis mögen es sonnig. Bei Temperaturen unter 12 °C gehen sie ein. Für eine gute Ernte sollten Sie auf viel Licht und Wärme achten. Übrigens hat das Gießen Einfluss auf den Schärfegrad der Pflanze: Je mehr Sie gießen, desto milder das Chili-Gewächs. Gießen Sie dagegen nur spärlich, gerät die Pflanze in Stress. Das macht die Schoten schärfer! Allerdings wird die Pflanze dadurch geschwächt und anfälliger für Schädlinge und Krankheiten.
Es gibt unzählige Sorten. Manche sind ganz mild, andere treiben einem buchstäblich die Tränen in die Augen. Bei ertragreicher Ernte können Sie Ihre Chilis ganz leicht konservieren: Einfach in Öl einlegen oder einfrieren.

tipp

„Dr. Bös" Armlehnen bieten ausreichend Abstellfläche für Getränke.

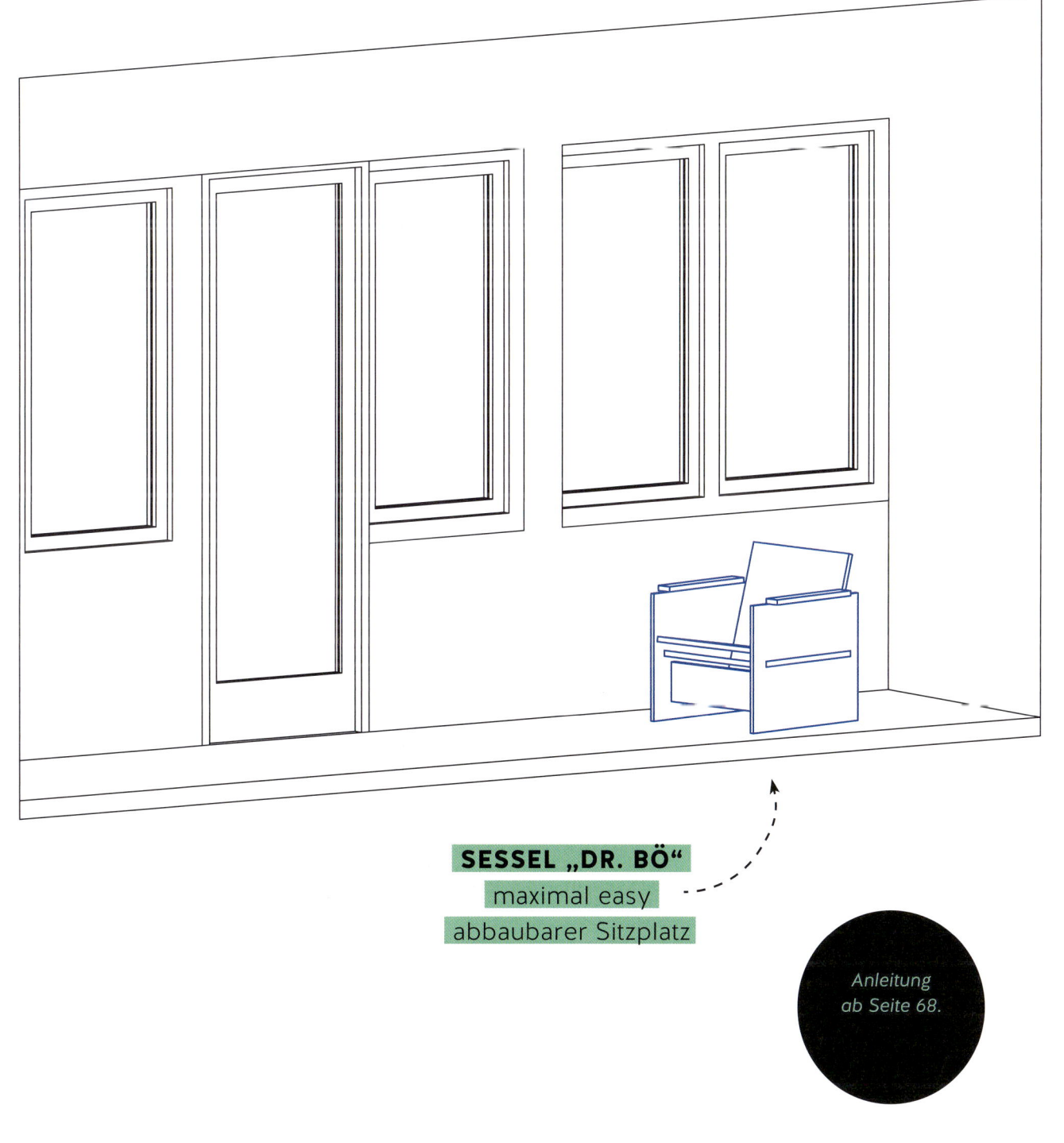

SESSEL „DR. BÖ"
maximal easy
abbaubarer Sitzplatz

Anleitung
ab Seite 68.

diy

Old Fashioned

DIE MUTTER ALLER COCKTAILS

Wohl einer der ältesten und bekanntesten Cocktails. Ein Klassiker, der mit wenigen Zutaten schnell zubereitet ist und ganz viel Tiefe verspricht. Wer es besonders stilecht mag, serviert den Old Fashioned in einem Tumbler (ein kurzes Trinkglas mit dickem Boden).

DAS MATERIAL

- 1 Würfelzucker
- Angostura Bitter
- stilles Mineralwasser
- Eiswürfel
- 4.5 cl Whisky
- 1 Orange
- Minze *(zum Garnieren)*
- kleiner Messbecher
- scharfes Messer

Schritt 1 Würfelzucker mit 2 Spritzern Angostura Bitter beträufeln und ins Glas legen. In wenig Wasser auflösen, gegebenenfalls umrühren.

Schritt 2 Die Flüssigkeit mit Eiswürfeln und 4.5 cl Whisky auffüllen.

Schritt 3 Die Orange in feine Scheiben schneiden. Eine Scheibe zur Hälfte anschneiden und leicht verdreht zwischen die Eiswürfel stecken. Abschließend mit einem Zweig frischer Balkon-Minze garnieren.

LINA, MAX &
ALMA

SUNDOWNER – AUSSENFLÄCHE MIT WEITBLICK

Der Sonnen- Balkon

Diese Aussicht! Von der Dachterrasse des Dachauer Altstadthauses
schweift der Blick über das Stadtpanorama von München,
bei gutem Wetter ist sogar die Alpenkette zu sehen.
Von hier oben lassen sich perfekt Sterne beobachten.
Da muss nur noch eine einladende Outdoor-Klappcouch her.

UNTER FREIEM HIMMEL

200 cm

302,5 cm

DER SONNEN-
BALKON
GRÖSSE: 6 qm
LAGE: Dachau, Altstadt
CHARAKTER:
Familien-Balkon
mit Weitblick

Lina und Max – zwei Kreative mit gestalterischem Talent. Das zeigt sich auch in ihren eigenen vier Wänden, die das Paar mit viel Liebe zum Detail eingerichtet hat. Max betreibt als Architekt mit anderen Kreativen ein Gemeinschaftsbüro. Lina ist Grafik-Designerin und Gastronomin, sie hat mit zwei Freundinnen vor kurzem das „Café Samstagskinder" in der Dachauer Altstadt eröffnet. Dort ist sie mit ihrem Blick für Schönes vor allem für neue Ladenprodukte und das Interieur verantwortlich. Alles in Laufnähe, auch der Kindergarten der kleinen Tochter Alma. So lassen sich Selbstständigkeit und Familie gut unter einen Hut bringen.

SEELIG MIT SONNE

Bei der Einrichtung der 90 Quadratmeter großen Maisonette-Wohnung haben die beiden mit Farbkontrasten und viel Freiraum gearbeitet.

Die freundliche Wohnküche ist das Herzstück der Wohnung. An die Küchenseite mit der Glasfront schließt der Balkon – oder besser gesagt die Dachterrasse – an. „An sich ist der Balkon ein Traum, aber wir nutzen ihn trotzdem kaum.", sagt Max. „Morgens ist der Ostbalkon zu heiß – zumindest im Sommer, weil die Sonne so hinknallt. Und für abends haben wir noch nicht die passende Sitzmöglichkeit gefunden. Es wäre toll, einen richtig gemütlichen Ort zu haben, wo wir nach einem arbeitsreichen Tag einfach mal die Seele baumeln lassen können."

DER NEUE BALKON

Hoch über der Altstadt von Dachau bietet die kleine Dachterrasse der dreiköpfigen Familie eine grandiose Aussicht: Richtung Süden blicken wir direkt auf das Münchner Stadtpanorama – dahinter zeigt sich an klaren Tagen die

Alpenkette in ihrer voller Pracht. Da die kleine Terrasse in das Dach eingefügt ist, bieten die aufragenden Seitenwände einen wunderbaren Sichtschutz. Bei so viel Privatsphäre bietet es sich an, den Außenbereich besonders gemütlich zu gestalten.

Wir haben uns für die kleine Familie ein ausklappbares Schlafsofa ausgedacht. Nun können die Drei heimelig auf dem Sofa abhängen oder ihre Dachterrasse mit wenigen Handgriffen in eine Liegefläche verwandeln, auf der sie auch prima übernachten können.

Zum Abstellen von Getränken oder kleinen Topfpflanzen dienen die nach unten versetzten Ablagen der Couch. Die Outdoor-Polster für Paletten gibt es übrigens in verschiedenen Farben in fast jedem Baumarkt. Hier kommen sie für das Sofa und das Bett zum Einsatz. Die dicken, bequemen Polster haben genau das Maß einer Europalette (80 x 120 cm). Zwei große Sitzkissen (80 x 120 cm) plus eine halbe Rückenlehne (40 x 120 cm) ergeben ausgeklappt fantastische 200 x 120 cm gemütlichste Chill-out-Fläche. Jetzt steht einer Übernachtung unterm freien Sternenhimmel nichts mehr im Wege!

DAS BALKONINTERVIEW

Studio Faubel: Wieviel Zeit verbringt ihr im Durchschnitt pro Tag oder pro Woche auf eurem Balkon?

Max: Momentan verbringen wir unter der Woche leider noch viel zu wenig Zeit dort. An lauen Abenden im Frühjahr und Sommer schauen wir ab und zu von hier oben aus in das Dachauer und Münchner Lichtermeer. Im Sommer frühstücken wir ganz gerne mal am Wochenende gemütlich auf dem Balkon. Wenn es noch warm genug ist, gibt es dort auch Abendessen. Aber momentan ist das noch eher überschaubar. Echt schade eigentlich bei unserem traumhaften Balkon.

SF: Habt ihr einen Lieblingsplatz?

M: Noch haben wir keinen Lieblingsplatz, die Sitzmöglichkeiten sind eher ungemütlich. Das wird sich ja mit unserer Klappcouch jetzt zum Glück ändern.

SF: War der Balkon ausschlaggebend bei der Wohnungswahl?

M: Die Dachterrasse war auf jeden Fall ein wichtiges Auswahlkriterium. Der Blick vom Hügel der Dachauer Altstadt über München bis ins Alpenvorland ist einfach phänomenal.

WANDELBAR
Outdoor-Liegefläche – einfach und schnell ausgeklappt!

tipp

Mikroabenteuer auf dem Balkon

Kleine Abenteuer oder Perspektiv-Wechsel können Sie auch in Ihren eigenen vier Wänden erleben. Wie wäre eine laue Sommernacht auf dem Balkon? Sie brauchen nur einen Schlafsack und eine bequeme Unterlage – im besten Fall ein gemütliches Schlafsofa. Einfach mal in den Himmel gucken und schauen, was da so passiert. Nicht nur mit Kindern kann das Übernachten auf dem Balkon ein besonderes Erlebnis werden.

Auch tagsüber lohnt sich ein ausgiebiger Blick nach oben: Welche Wolkenformen ziehen vorbei? Was für ein Wetter werden sie uns bringen? Mit etwas Übung werden Sie zum Wetterpropheten und können die vier verschiedenen Wolkenarten leicht unterscheiden.

Und wann haben Sie das letzte Mal einen Sonnenuntergang in voller Länge beobachtet? Der perfekte Moment, um den Tag ausklingen zu lassen und sich in aller Ruhe auf das Wesentliche zu konzentrieren.

Auf der breiten Balkon-
brüstung haben
neben Pflanzen auch
Findlinge vom letzten
Spaziergang Platz.

LINAS TIPP
Unsere Tochter Alma liebt es,
auf dem Balkon zu picknicken.
Das Essen schmeckt unter freiem
Himmel einfach doppelt gut.

SF: Was fehlt euch auf euren Balkon?

M: Unser Balkon soll auf jeden Fall gemütlicher werden! Wir wünschen uns eine Sitz- und Liegemöglichkeit, um den Sternenhimmel gut beobachten zu können. Toll wäre es, die Möglichkeit zu haben, mal auf dem Balkon zu übernachten.

SF: Was war die Personenhöchstzahl auf euren Balkon?

M: Das waren schätzungsweise acht Personen – bei unserer Einweihungsparty.

SF: Welche Farben mögt ihr am liebsten auf dem Balkon?

M: Auf dem Balkon darf man in Sachen Farbe gerne etwas mutiger sein: Kräftige, leuchtende Sommerfarben in Kombination mit vielen farbig gemusterten Kissen bringen Urlaubsgefühle auf die Dachterrasse.

SF: Was magst du besonders an eurem neuen Balkonmöbel?

M: Als Paar mit kleinem Kind sind gemeinsame Abende auswärts eher rar gesät. Nun haben wir auch zuhause einen schönen Platz, den wir gemeinsam genießen können. Gemütlich zu dritt oder auch mal romantisch zu zweit.

Geschützt vor den Blicken der Nachbarn und mit grandiosem Weitblick!

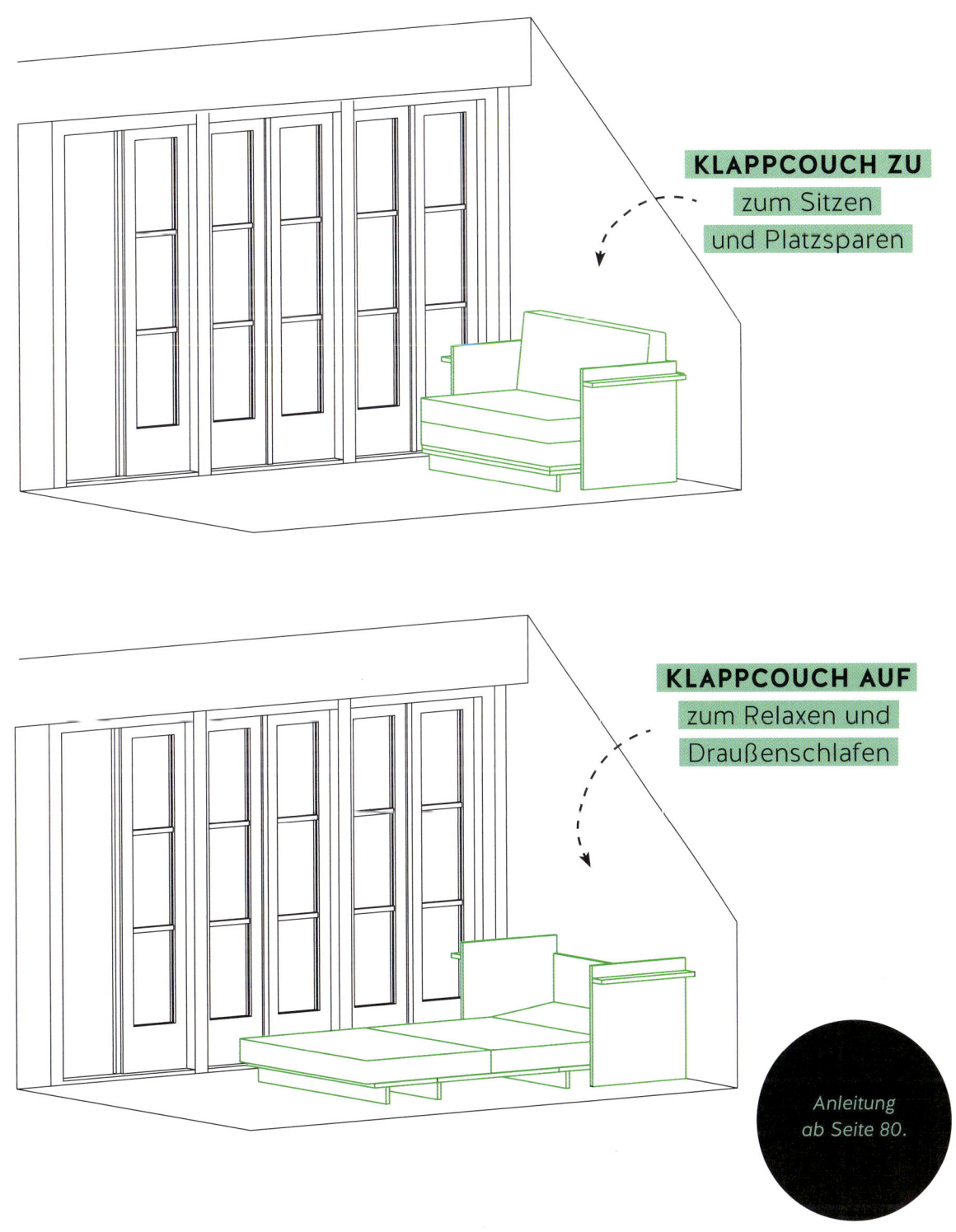

KLAPPCOUCH ZU
zum Sitzen
und Platzsparen

KLAPPCOUCH AUF
zum Relaxen und
Draußenschlafen

*Anleitung
ab Seite 80.*

diy

Blumenkranz

FARBENFROHES GESTECK MIT TROCKENBLUMEN

DAS MATERIAL

- Drahtring (ø ca. 25 cm)
- getrocknete Pflanzen
- feiner Blumendraht
- Schere
- Zange
- Juteschnur
- kleiner Nagel
- Hammer

Schritt 1 Verschiedene Pflanzen sammeln und trocknen. Gut geeignet sind zum Beispiel Eukalyptus-Blätter, Gräser und Beeren, die mit farblich abgestimmten Trockenblumen ergänzt werden.

Schritt 2 Von den Pflanzen kleine Stücke zurechtschneiden und bereitlegen.

Schritt 3 Den Ring asymmetrisch etwa zur Hälfte mit den Deko-Elementen bestücken: Die Pflanzenteile mit Blumendraht Schicht für Schicht am Drahtring befestigen. Dabei den Draht vorsichtig mit der Zange um den Ring wickeln und festziehen. Eventuell entstandene Lücken mit einzelnen Blüten, Blättern oder Gräsern füllen. Überstehende Zweige mit der Schere abschneiden.

Schritt 4 Ein Stück Juteschnur als Aufhängung an den Ring knoten und den Blumenkranz mit dem Nagel an der Wand befestigen.

SONJA – BUNT
UND VIELSEITIG

MUCH TO DO - MUCH TO ENJOY

Der Work-Life-Balance-Balkon

*Der Balkon: Wohn- und Arbeitsraum zugleich. Mit einem Klapptisch,
der sowohl Sekretär als auch gemütlicher Kaffeetisch sein kann,
sind diese Voraussetzungen bestens erfüllt. Viele Abstell- und Rank-
möglichkeiten für Pflanzen machen Sonjas Outdoor-Fläche komplett.*

EIN BALKON FÜR ALLE FÄLLE

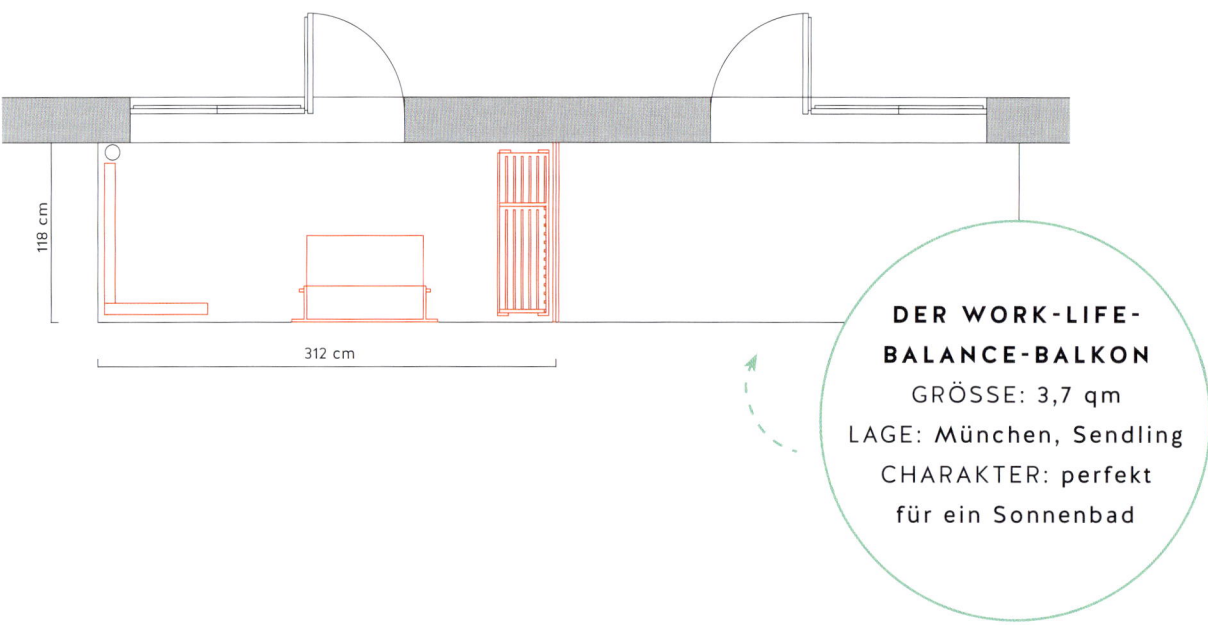

118 cm

312 cm

DER WORK-LIFE-BALANCE-BALKON
GRÖSSE: 3,7 qm
LAGE: München, Sendling
CHARAKTER: perfekt
für ein Sonnenbad

„Dieses Jahr habe ich noch gar nicht viel Zeit auf dem Balkon verbracht, irgendwie kam immer etwas dazwischen." Sonja lebt in einem schnuckeligen Ein-Zimmer-Appartement im Herzen von München Sendling unweit vom Stemmerhof. Von ihrem Balkon aus blicken wir in einen weitläufigen, grünen Innenhof. Schade eigentlich, dass Sonja ihren Außenraum in letzter Zeit so wenig genutzt hat, denn die Balkonfläche lädt zum Verweilen ein.

ERST DIE ARBEIT, DANN …
Seit vielen Jahren tanzt Sonja Salsa. Die Liebe zur lateinamerikanischen Musik hat ihren Wohnstil geprägt: Mexikanische Totenköpfe zieren den buntgemusterten Vorhang und ein Portrait von Frida Kahlo hängt über einem olivgrünen Sessel mit weichem Samtbezug. „Den Sessel hab ich mal von einer WG-Party mitge-

nommen. Seitdem ist er in jede neue Wohnung mit umgezogen."

Die Wände sind in warmen, dunklen Tönen gestrichen und machen die 35-qm-Wohnung gemütlich und einladend. Ebenso sorgen die vielen Bücher in den Regalen für eine behagliche Atmosphäre. Zahlreiche Koch- und Backbücher hat Sonja betreut und einige Sachbücher zu den Themen Natur und DIY sind zu finden.

Da die vielbeschäftigte Lektorin ab und zu im Home-Office arbeitet, wäre ein zusätzlicher Arbeitsplatz auf dem Balkon ideal. „Ich liebe Pflanzen und möchte unbedingt möglichst viele auf dem Balkon unterbringen. Ein Klettergerüst, das gleichzeitig als Sichtschutz dient, wäre genial. So hätte ich auch mehr Privatsphäre auf dem Balkon."

SONJAS NEUER BALKON

Sonjas Wohnung liegt im 1. Stock in einer ruhigen Seitenstraße. Ihr Balkon ist nach Süden ausgerichtet und garantiert an wolkenlosen Tagen pralles Sonnenlicht – perfekt für Pflanzen, die viel Licht brauchen.

Inspiriert von Sonjas Wünschen haben wir auf einer Seite des Balkons zwei Frames-Rankgitter über Eck gebaut. Wenn die Gitter im Sommer üppig bewachsen sind, werden sie blickdichter Sichtschutz und auch Sonnenschutz sein. Auf der anderen Balkonseite befindet sich die

Trennwand zum Nachbarbalkon. Hier bot sich ein Regal aus einer Frames- und Kisten-Konstruktion an, mit viel Stauraum und genügend Platz für Topfpflanzen, Blumenampeln und Deko. Ein Rundstab oben hält das Mobile oder Meisenknödel für gefiederte Gäste.

In der Balkonmitte haben wir unseren Klappsekretär an der Brüstung befestigt, den Sonja nun als Outdoor-Arbeitsplatz nutzen kann. In Arbeitspausen wird die Platte einfach nach unten geklappt, und es entsteht Platz für ein ausgiebiges Sonnenbad.

DAS BALKONINTERVIEW

Studio Faubel: Wie wichtig ist dir dein Balkon?
Sonja: Mein Balkon ist – neben meiner Küche – mein liebster Lebensraum. Ich liebe es, draußen zu sein, die Sonne zu genießen, zu Gärtnern, die Stadtnatur um mich herum zu beobachten.

SF: Wann bist du auf deinem Balkon?
S: Werktags fast nur am Abend, weil ich viel arbeite. Aber an den Wochenenden und im Urlaub wird draußen gefrühstückt, gelesen, gebastelt, geschrieben … Mein Open-Air-Wohnzimmer verlasse ich dann eigentlich nur, wenn ich was aus der Küche brauche.

SF: Und wo ist dein Lieblingsplatz auf deinem Balkon?
S: Platz ist wenig, aber die Positionen wechseln: Am liebsten liege ich lesend zwischen meinen vielen Pflanzen. Am zweitliebsten esse ich mit Freunden selbstgekochte und selbstgebackene Kreationen. Da braucht es dann – wie auch zum Arbeiten und Kreativsein – einen Sitzplatz. Bisher war ich deshalb viel am Umbauen und am Schleppen von Balkonmöbeln.

BALKON-REGAL
Mit Frames und Kisten: vielseitige Möglichkeiten zum Aufhängen, Abstellen und Verstauen!

tipp

Schön und nützlich zugleich!
Natürlich freut sich Sonja über einen Balkon, der toll aussieht. Aber noch wichtiger ist ihr, dass viele Insekten und Vögel kommen. Deshalb bietet sie ganzjährig Vogelfutter an und achtet bei der Pflanzenauswahl vor allem auf den Wert für die Insektenwelt. Sie pflanzt Blühmischungen für Honig- und Wildbienen an, die möglichst lange nektar- und pollenreiche Nahrung bieten. Bei vielen im Handel angebotenen Blütenpflanzen lohnt es sich genauer hinzusehen: Sogenannte gefüllte Blüten sind Zuchtformen mit einer vermehrten Anzahl an Blütenblättern – schön anzusehen, aber für die Insektenwelt nutzlos!

SF: Was sind deine liebsten Balkonpflanzen?
S: Ich kann mich schlecht entscheiden, weil ich alle Pflanzen liebe. Üppig und nützlich muss es sein. Wenn viel Essbares (für Mensch und Tier) dabei ist, umso besser. Meine Clematis freut

Pause! Sitzkissen raus,
Tischfläche runter-
und Buch aufklappen.

SONJAS TIPPP
Ich werfe keine Sachen weg,
nur weil sich der Geschmack verändert.
Dann dekoriere ich lieber um
oder arbeite mit Farben.

mich besonders. Dank Südbalkon habe ich aber vor allem genügsame und hitzeresistente Pflanzen lieben gelernt.

SF: Welche Farben magst du auf deinem Balkon am liebsten?
S: Ich mag es gerne bunt. Und Grün in allen Abstufungen. Gerne kombiniere ich zarte Farben wie Rosa mit einem kräftigen Rot, das jetzt ja auch meine Balkonmöbel ziert.

SF: Was stört dich an deinem Balkon?
S: Bisher war alles zusammengewürfelt und improvisiert. Da ich den Sichtschutz zum Nachbarbalkon nicht anbohren darf, habe ich unterschiedlichste Töpfe und Kästen für meine vielen Pflanzen mit Kastenhaltern, Fleischerhaken und Co. aufgehängt und den Boden vollgestellt. Alles ziemlich wackelig. Ich selbst hatte auch keinen Platz mehr. Und auf der rechten Seite war ich neugierigen Blicken schutzlos ausgeliefert.

SF: Bitte beschreibe Deinen Wohnstil!
S: Bunt, geschichtsträchtig und ein bisschen kreatives Chaos. Gemütlich muss es sein! Ich bin nicht der Typ, der mit einem Design-Plan ins Möbelhaus geht und die Wohnung durchstylt. Bei mir müssen die Möbel nicht aus einer Linie stammen: Wenn nichts zusammenpasst, passt alles zusammen!

Zwei Rankgitter über Eck – eines mit Sichtschutz-Gewebe – sorgen mehr für Privatsphäre, ohne dabei einzuengen.

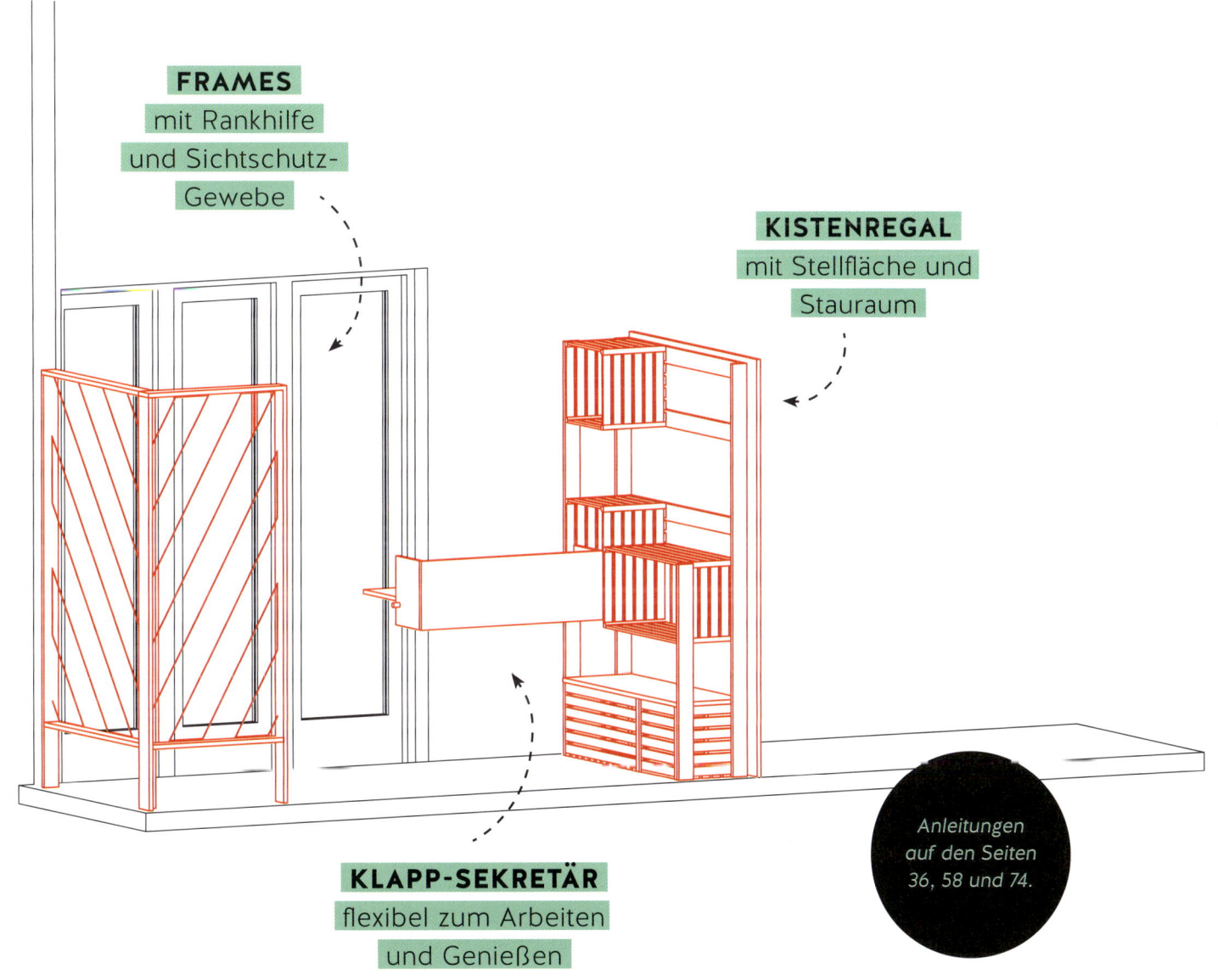

FRAMES
mit Rankhilfe
und Sichtschutz-
Gewebe

KISTENREGAL
mit Stellfläche und
Stauraum

KLAPP-SEKRETÄR
flexibel zum Arbeiten
und Genießen

Anleitungen
auf den Seiten
36, 58 und 74.

Mobile

Schritt 1 Auf ein Blatt Papier vier verschiedene Totenköpfe im mexikanischen Stil skizzieren (ca. 15 x 8 cm) und ausschneiden.

Schritt 2 Die Modelliermasse kneten, bis sie weich und geschmeidig ist. Vier pflaumengroße Kugeln daraus formen und mit der Teigrolle ausrollen (Dicke ca. 0,5 cm). Je einen Totenkopf mit der Stecknadel auf der Modelliermasse fixieren. Die Formen mit dem Skalpell ausschneiden. Mit dem Schaschlik-Spieß auf Stirnhöhe ein Loch als Aufhängung bohren. Trocknen lassen.

Schritt 3 Sieben ca. 30 cm lange Fadenstücke zuschneiden. Mit der Nähnadel je drei Pompons mit etwas Abstand an drei Fäden auffädeln. An die übrigen vier Fäden je einen Pompon und einen Totenkopf auffädeln. Als Abschluss kleine Holzperlen an alle Fäden knoten.

Schritt 4 Einen Faden mit Pompon und Totenkopf an die Mobile-Mitte knoten. Die übrigen Fäden abwechselnd rundherum an den Mobile-Armen anbringen.

DAS MATERIAL

- Papier, Stift
- Schere, Skalpell
- lufttrocknende weiße Modelliermasse
- kleine Teigrolle
- Stecknadel
- Schaschlik-Spieß
- Faden, mittlere Nähnadel
- 13 kleine Woll-Pompons
- 7 Holzperlen (ø ca. 1 cm)
- Mobile-Aufhängung

TÖCHTERCHEN **NORA** MACHT TEATIME

FAMILY HEADQUARTER – MEHR FREIRAUM FÜR 4

Der Familien-Balkon

Wirklich tiny, aber trotzdem ein absoluter Alleskönner ist dieser Balkon. Tagsüber erweitert er die Küche mit Spieltisch und Kuschelecke für die Kinder. Abends wird der Outdoor-Bereich zum Lieblingsort für ein Feierabendbier oder ein Glas Rotwein, wenn die Kleinen schlafen.

KLEIN ABER FEIN!

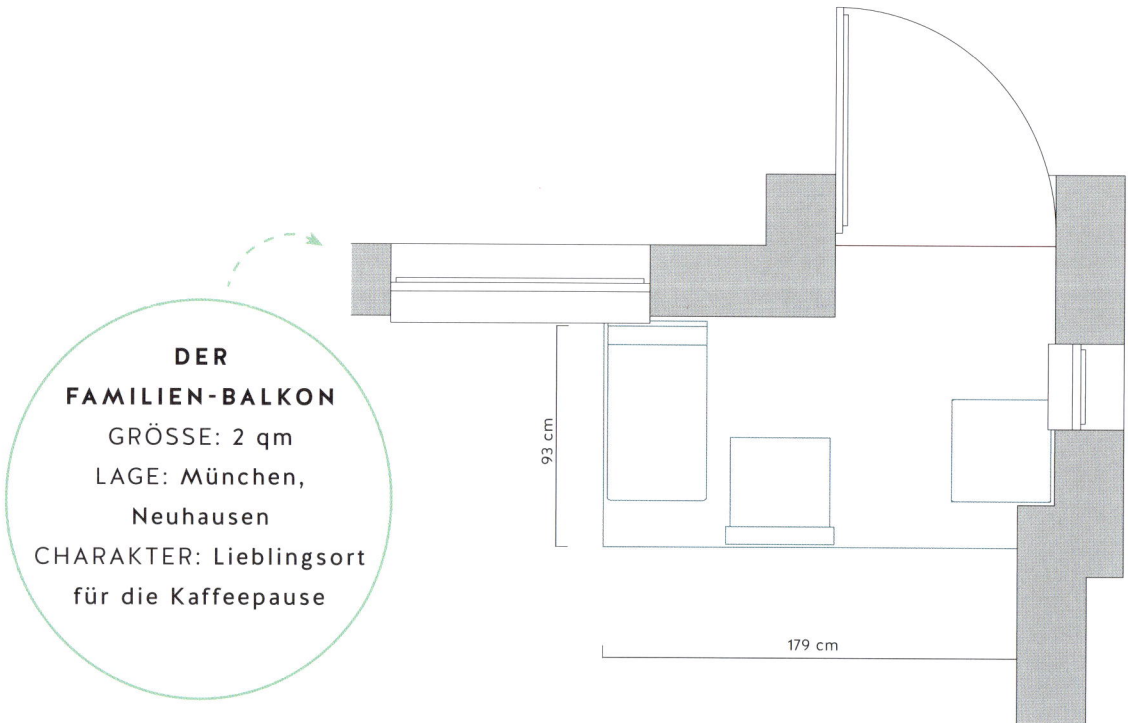

**DER
FAMILIEN-BALKON**
GRÖSSE: 2 qm
LAGE: München,
Neuhausen
CHARAKTER: Lieblingsort
für die Kaffeepause

93 cm

179 cm

Die studierte Soziologin und der Handwerker-Profi Sebi wohnen hier schon eine ganze Weile. Über 10 Jahre. Als sie in die 3-Zimmer-Wohnung im beliebten Münchner Stadtteil Neuhausen eingezogen sind – in einem für die Gegend typischen Jugendstil-Altbau – waren sie noch zu zweit. Das dritte Zimmer war ihr „Freiraum" und bot genügend Platz für Yoga-Übungen, eine gemeinsame Leidenschaft.

Doch bereits ein paar Jährchen später wurde der Yoga-Raum zum Kinderzimmer umgestaltet. Denn mit Kind wurde es langsam enger auf 80 Quadratmetern. Ausziehen war keine Option, nicht bei den Wohnungspreisen in München! Vor allem wollte die kleine Familie in ihrem Lieblings-Stadtteil Neuhausen wohnen bleiben, und dort eine größere, bezahlbare Wohnung zu finden, ist schlichtweg utopisch.

FLEXIBEL BLEIBEN

Inzwischen teilen sich zwei Kinder den dritten Raum. Der ältere Sohn Xaver ist gerade in die Schule gekommen, deshalb musste wieder neu geplant, flexibel organisiert und umgeräumt werden. Dennoch steht – zumindest in naher Zukunft – immer noch kein Umzug an. Zu viert ist es jetzt umso wichtiger, jeden Quadratzentimeter der Altbauwohnung sinnvoll zu nutzen.

DER NEUE BALKON

Der 2-qm-Balkon befindet sich im dritten Stock und ragt in den ruhigen Hinterhof. Viele Altbauten mit kleinen Stahlbalkonen ergeben hier ein attraktives urbanes Umfeld voller schöner Details – geschmiedete Brüstungen oder Kletterpflanzen, die von Stockwerk zu Stockwerk ranken. Der Balkon der vierköpfigen Familie schließt direkt an die schlauchförmige Küche

an, die ohne Essbereich auskommen muss. Also wollten wir auf der Outdoor-Fläche einen kuscheligen Platz erschaffen … für den Morgenkaffee, ein Müsli zwischendurch oder ein Glas Rotwein am Abend.

Wir entschieden uns für einen Klapptisch, der je nach Bedarf aus- oder eingeklappt werden kann. Denn die Außenfläche wird ebenso zum Wäschetrocknen oder als Spielfläche für die Sprösslinge gebraucht. Eine Wäscheleine wurde schon beim Bau in die originale Balkonbrüstung eingefügt.

Der Klapptisch hängt in einem einfachen Frames-Rahmen, den wir innen an der Brüstung befestigt haben. Dahinter findet eine Sitzbank mit hoher Lehne und Polster Platz, die für Gemütlichkeit sorgt. An nassen Tagen verschwindet das Polster einfach in der Kiste unter der Bank. Benötigt man mehr Platz, kann der Tisch mit einem Handgriff hoch an die Brüstung des Balkons geklappt werden. – Manege frei für neue Ideen.

Als zusätzliche mobile Sitzmöglichkeit und Aufbewahrung dient eine kleine Kiste mit eingepasstem Deckel.

DAS BALKONINTERVIEW

Studio Faubel: Was fehlt euch auf eurem Balkon?

Marion: Eindeutig fehlt die Gemütlichkeit. Schön wäre mehr Platz zu haben, um mal die Beine auszustrecken. Und ein paar mehr kleine Details zum Wohlfühlen.

SF: Wie verbringt euer Balkon den Winter?

M: Im tiefsten Winterschlaf. Bisher nutzen wir unseren Balkon im Winter nicht, außer um mal Getränke zu kühlen. Ich hoffe, dass sich das nun ändern wird.

SF: Wie hat sich der Balkon durch die Kinder verändert?

M: Die Kinder sind sehr gerne auf dem Balkon. Mir ist es bisher aber nicht gelungen, ihn so zu gestalten, dass wir alle zusammen Platz haben. Der Balkon ist durch die Kinder gewiss bunter geworden. Wir haben verschiedene Blumen und Kräuter auf dem Balkon angepflanzt. Sogar Erdbeeren und Tomaten, die im Sommer reif sind und geerntet werden können.

PRAKTISCH

Balkon-Utensilien ruckzuck und wasserdicht verstaut!

tipp

Balkon und Kinder

Wie verändert sich ein Balkon, wenn Nachwuchs kommt? Für die Eltern sind gemeinsame laue Sommerabende auf dem Balkon besonders wertvoll, denn die Lieblingsbar ist ohne Babysitter einfach nicht mehr drin. Tagsüber ist der Balkon für Klein und Groß ein Stück Natur, das Sie hautnah erleben können. Vielleicht installieren Sie ein Insektenhotel, eröffnen eine Vogelbeobachtungs-Station und bauen gemeinsam Nutzpflanzen an. Gesunde Ernährung wird mit selbst geerntetem Obst und Gemüse ein Kinderspiel. In heißen Monaten können Sie mit einfachen Mitteln unter freiem Himmel ein schönes Sommererlebnis für Ihre Kleinen zaubern: Eine Holz-Box mit Sand zum Buddeln und Burgenbauen füllen, daneben eine kleine Wanne mit Wasser zur Erfrischung.

Für Kinder ist die saisonale Nutzung spannend: Im Herbst schmückt der hell erleuchtete Halloween-Kürbis den Balkon. Im Winter laden Lichterkette, Weihnachtsschmuck und warme Decken zum kuscheligen Punsch im Freien ein. Im Frühling können Sie gemeinsam Ihre Tulpenzwiebeln beim Sprießen beobachten.

Mit der einfachen, stabilen Konstruktion ist der Tisch schnell auf- und zugeklappt.

FAMILIEN-TIPP
Die meisten Pflanzen auf dem Balkon sind essbar, der Rest ungiftig – falls mal eine Zierpflanze von den Kindern mitgeerntet wird.

So sehen die Kinder, woher die Sachen zum Essen kommen. Und sie freuen sich riesig, wenn aus einer Blüte am Schluss wirklich eine Erdbeere entsteht, die auch noch schmeckt. Außerdem macht es Spaß, den Balkon saisonal umzugestalten: Im Herbst schmückt ein selbstgeschnitzter Kürbis den Balkon, im Winter gibt es eine feierliche Lichterkette. Für Kinder das Größte!

SF: Was ist euch am wichtigsten am Balkon?
M: Abends, wenn die Kinder schlafen, einfach mal gemütlich mit einer Freundin draußen in Ruhe ein Glas Wein trinken und ratschen. Oder morgens einen Kaffee draußen genießen.

SF: Welche Farben mögt ihr auf eurem Balkon?
M: Ich mag es, wenn unser Balkon bunt ist und wir verschiedene Blumen, Kräuter und Pflanzen haben.

SF: Wie wichtig ist für euch der Balkon?
M: Unser Balkon ist nicht groß. Uns ist es aber wichtig, einfach mal kurz raus aus der Wohnung zu können und auf dem Balkon durchzuatmen. Und wir haben gerne frische Kräuter zum Kochen auf unserem Balkon.

Schilfrohrmatten als Wind- und Sichtschutz sind in jedem Baumarkt erhältlich.

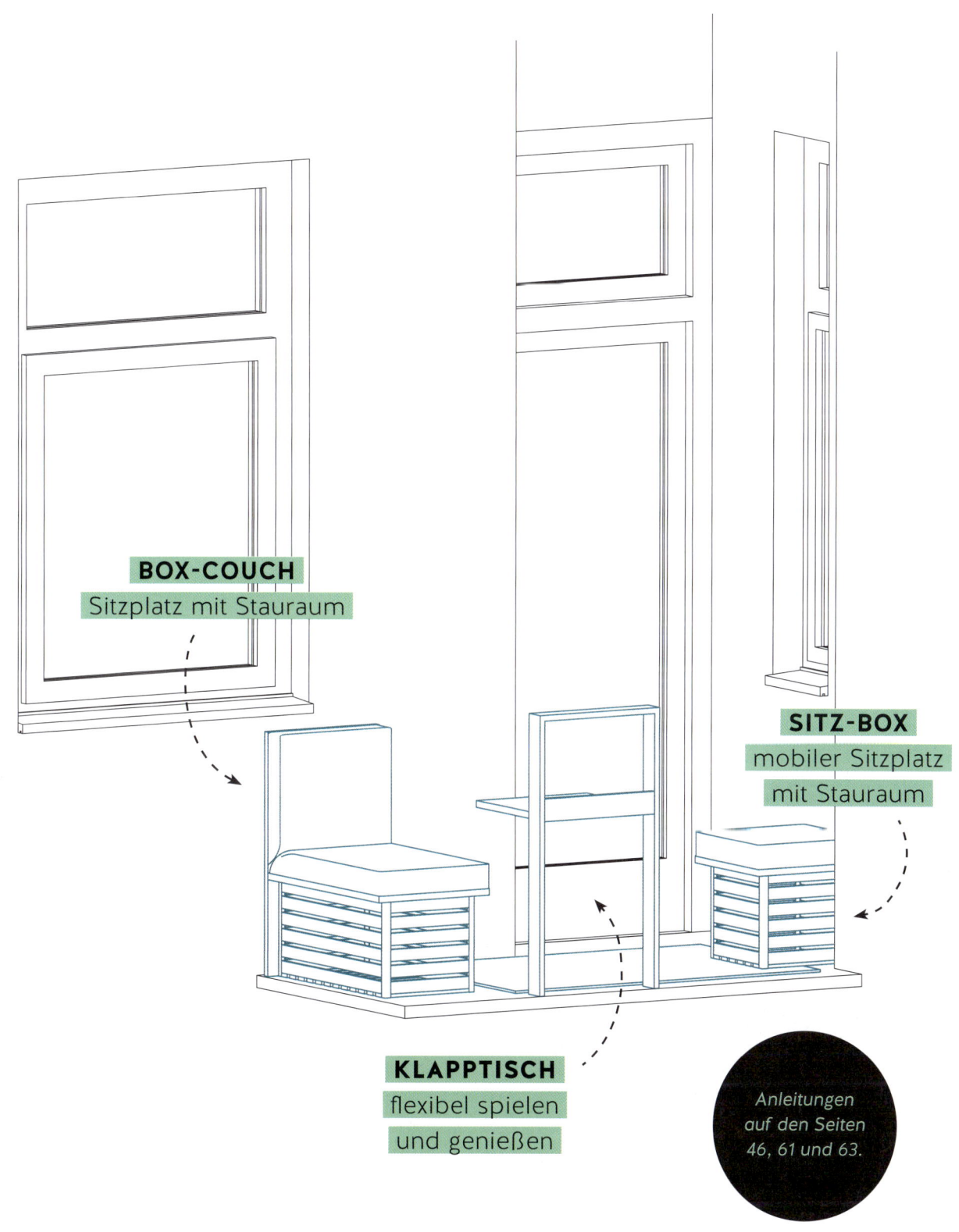

BOX-COUCH
Sitzplatz mit Stauraum

SITZ-BOX
mobiler Sitzplatz
mit Stauraum

KLAPPTISCH
flexibel spielen
und genießen

Anleitungen
auf den Seiten
46, 61 und 63.

Patchwork

KLAPPERSCHLANGE ZUM KUSCHELN

Schritt 1 Stoffreste in 8 Stücke (ca. 20 x 30 cm) schneiden. Alle Stücke nacheinander von links jeweils mit Stecknadeln fixieren und anschließend mit der Nähmaschine zu einem großen, gestreiften Patchwork-Stück (ca. 160 x 30 cm) zusammennähen. Für den Kopf ein schmaleres Stoffstück (ca. 10 x 30 cm) ausschneiden und von links mit der Nähmaschine an das Kopfende des Schlangenkörpers nähen.

Schritt 2 Für die Augen aus den Kunstlederresten zwei Kreise (ø ca. 4 cm, hell) und zwei kleinere Kreise (ø ca. 3 cm, dunkel) ausschneiden. Die kleineren Kreise als Pupillen mit Textilkleber auf die größeren kleben.

Schritt 3 Aus dem dritten Kunstlederstück eine Zunge (ca. 3 x 10 cm) zurechtschneiden. Diese am Kopfende des auf links gedrehten Patchwork-Stücks mit einer Stecknadel fixieren (ca. 5 cm vom Rand nach innen gerückt), sodass die Zunge nach innen zeigt und nach dem Zusammennähen und Wenden außen liegt.

DAS MATERIAL

- Stoffreste *(verschiedene Farben)*
- Stoffschere
- Stecknadeln
- Nähmaschine
- Kunstlederreste *(3 verschiedene Farben)*
- Textilkleber
- Füllwatte
- Nadel und Faden

Schritt 4 Das Patchwork-Stück der Längsseite nach zusammenklappen und von links mit Stecknadeln fixieren. An der Kopfseite mit dem Zunähen beginnen. Die Schlange bis auf die kurze Schwanzseite komplett zunähen. Den Tunnel auf rechts stülpen.

Schritt 5 Die Schlange mit der Watte füllen und die Schwanzseite mit der Hand zunähen. Die Augen an den Kopf steppen.

WALDLIEBHABERIN
UND LESERATTE **ELENA**

FREE YOUR MIND – EIN RÜCKZUGSORT

Der Freigeist-Balkon

Elena liebt es, es sich mit einem guten Buch auf dem Balkon gemütlich zu machen. Dabei sitzt sie nicht gerne auf dem Präsentierteller, deshalb war ihr ein Sichtschutz besonders wichtig.

EIN BALKON ALS RÜCKZUGSORT

133 cm

150 cm

**DER FREIGEIST-
BALKON**
GRÖSSE: 2 qm
LAGE: volleinsichtiger
Nordbalkon in Pasing
CHARAKTER: geschützter
Freiraum in der Stadt

Elena wohnt schon seit einigen Jahren in München, aus einer lauten und alten Bude ohne Balkon ist sie nun frisch ins schöne Pasing gezogen – und damit zum ersten Mal stolze Balkonbesitzerin.

Der kleine Freisitz kommt der Natur-Lektorin absolut entgegen, denn als ursprüngliches Landkind liebt sie – neben Musik und Literatur – besonders die frische Luft und den Wald, Stille und ruhige, offene Flächen. Das sieht man auch der Wohnung an: helle Wände und Textilien, Möbel aus natürlichem Holz, viel Grün. Dazwischen ein Klavier und eine Geige. Eine Oase der Ruhe, Harmonie und Klarheit inmitten der Großstadt. Hier wohnt ein Mensch, der einen geschützten Rückzugsort braucht, um den Geist aufzuladen, zu lesen, die Gedanken schweifen zu

lassen. Jemand, der sich gerne aufs Wesentliche konzentriert.

SCHMUCKSTÜCK MIT SCHATTENSEITEN

Vom Schlafzimmer aus betritt man den Balkon von Elena, der sich an der Nordfassade im 1. Stock im schönen Münchner Pasing befindet. Die Nordausrichtung ist für die meisten Pflanzen kein Problem. Dass die Brüstung nur aus Milchglas besteht und der Balkon von drei Seiten voll einsichtig ist, ist die wahre Schattenseite für die ruheliebende Elena.

DER NEUE BALKON

Da Elenas Balkontür nahezu so breit ist wie der Balkon selbst, gibt es keine Möglichkeit, Stauraum in Form von Regalen an den Seiten zu platzieren.

Und eingekerkert möchte sich Elena auch nicht fühlen. Es musste also ein dezenter und am besten flexibler Sichtschutz her. Frames eignen sich hier bestens, da die Rahmen selbst nicht tief sind. Für Elenas Balkon haben wir ein breites und ein schmales Frames-Element über Eck verbunden. Das breite Seitenteil schirmt mit einem durchscheinenden Gewebe Blicke ab, lässt aber – gerade auf der Nordseite wichtig – viel Licht durch. Hier fühlen sich Kletterpflanzen wohl. Lichterketten für die Abendbeleuchtung finden ebenfalls wunderbar Halt. Der vordere Rahmen beherbergt einen praktischen Rollo.

Will Elena Ruhe, wird er einfach in „Ruhe-Position" ausgerollt.

Dann brauchte Elena noch Stauraum, eine Sitzgelegenheit und ein kleines Tischchen auf ihrem wirklich sehr kleinen Balkon. Vollgestellt sollte es aber auf keinen Fall sein. Deshalb haben wir ein sehr multifunktionales kleines Balkonmöbel entwickelt, das Sitzplatz und Tisch in einem ist: das Box-Sideboard mit erhöhter Tischplatte. Ob als Hocker, Regal oder Balkon-Arbeitsplatz verwendet, bietet das Möbel zudem genügend Stauraum für Balkonutensilien.

DAS BALKONINTERVIEW

Studio Faubel: War der Balkon ausschlaggebend für die Wohnungswahl?

Elena: Ja, absolut! Ich brauche einfach das Gefühl, dass ich jederzeit schnell nach draußen kann, ohne dazu direkt auf die Straße raus zu müssen. Gerade in der Stadt brauche ich einfach geschützte Rückzugsorte.

SF: Was war die Personenhöchstzahl auf deinem Balkon?

E: Auch wenn er klein ist: Wenn ich meinen Geburtstag feiere, dann sind schon mal bis zu sechs Leute auf dem Balkon.

SF: Und was machst du am liebsten auf dem Balkon?

E: Der Balkon ist ein bisschen mein zweites Wohnzimmer. Telefonieren, Kaffee trinken, lesen … eigentlich passiert bei mit bei gutem Wetter fast alles draußen. Im Sommer sitze ich gerne mit Gästen, Freunden oder meinem Partner, bei einem guten Essen oder einem Glas Wein dort.

SF: Was fehlt dir auf deinem Balkon?

E: Mehr Sonnenlicht für Gemüsepflanzen und Kräuter. Leider ist es ein Nordbalkon, da funk-

DEKORATIV

Der Box-Sitztisch eignet sich auch als Pflanzentreppe!

tipp

Schattentaugliche Balkonbewohner

Für viele Zimmerpflanzen ist selbst ein schattiger Balkon lichttechnisch eine willkommene Sommerfrische, denn drinnen ist es immer „schlechter" als draußen. Achten Sie trotzdem darauf, dass die „Stubenhocker" keinen Sonnenbrand bekommen, denn auch bei Nordausrichtung gibt es pralle Sonnenstunden.

In der nächsten Saison möchte Elena außerdem Salate in Kästen und Töpfen ziehen, die vertragen halbschattige Plätze und fügen sich mit ihren dekorativen Blättern toll in Elenas grünes Konzept ein. Schön sind beispielsweise Asiasalate und Pflücksalate, die gibt es in Rot- und Grüntönen, kraus und glatt …

tionieren die meisten Selbstversorgerträume leider nicht so … Vielleicht probier ich nächstes Jahr mal Salate aus, die brauchen es nicht so sonnig.

*Mit einem Rollo hat
Elena Sicht- oder Sonnen-
schutz nach Bedarf.*

ELENAS TIPP
Ich bin kein großer Saison-
pflanzen-Konsument: Im Sommer
dürfen einfach meine
Zimmerpflanzen nach draußen.

SF: Was würdest du gerne ändern?

E: Einen schönen Sichtschutz hab ich mir schon lange gewünscht. Auf meinem Balkon sitzt man ansonsten ziemlich auf dem Präsentierteller. Aber noch schattiger soll es auf keinen Fall werden. Ich freu mich schon darauf, wenn eine Kletterpflanze mein neues Ranggerüst begrünt. Und der Rollo ist spitze! Manchmal blendet selbst auf einem Schattenbalkon die Sonne. Und Stellfläche für einen Schirm gibt es bei mir wirklich nicht. Auch Stauraum war bisher ein großes Problem für mich, aufgrund der Bauweise gibt es bei mir keine Wand, an der ein Regal Platz gehabt hätte.

SF: Wie verbringt dein Balkon den Winter?

E: Gänzlich leer und im tiefsten Winterschlaf. Ich mag es gerne aufgeräumt. Alle Möbel werden in den Keller geräumt, Pflanzen kommen wieder in die Wohnung. Meine neue Box darf allerdings im Winter in der Wohnung oben bleiben, ich übergelege noch, ob ich Möbelgleiter oder sogar Rollen mit Bremsen unten anschraube. Und das neue Insektenhotel darf natürlich an den Sichtschutzrahmen hängen bleiben.

SF: Bitte beschreibe Deinen Wohnstil!

E: Gemütlich zusammengewürfelt: Second-Hand- oder selbst gemachte Möbel. Reduziert.

Die Box mit dem erhöhten Überbau eignet sich auch als gemütliches Plätzchen für die Kaffeepause.

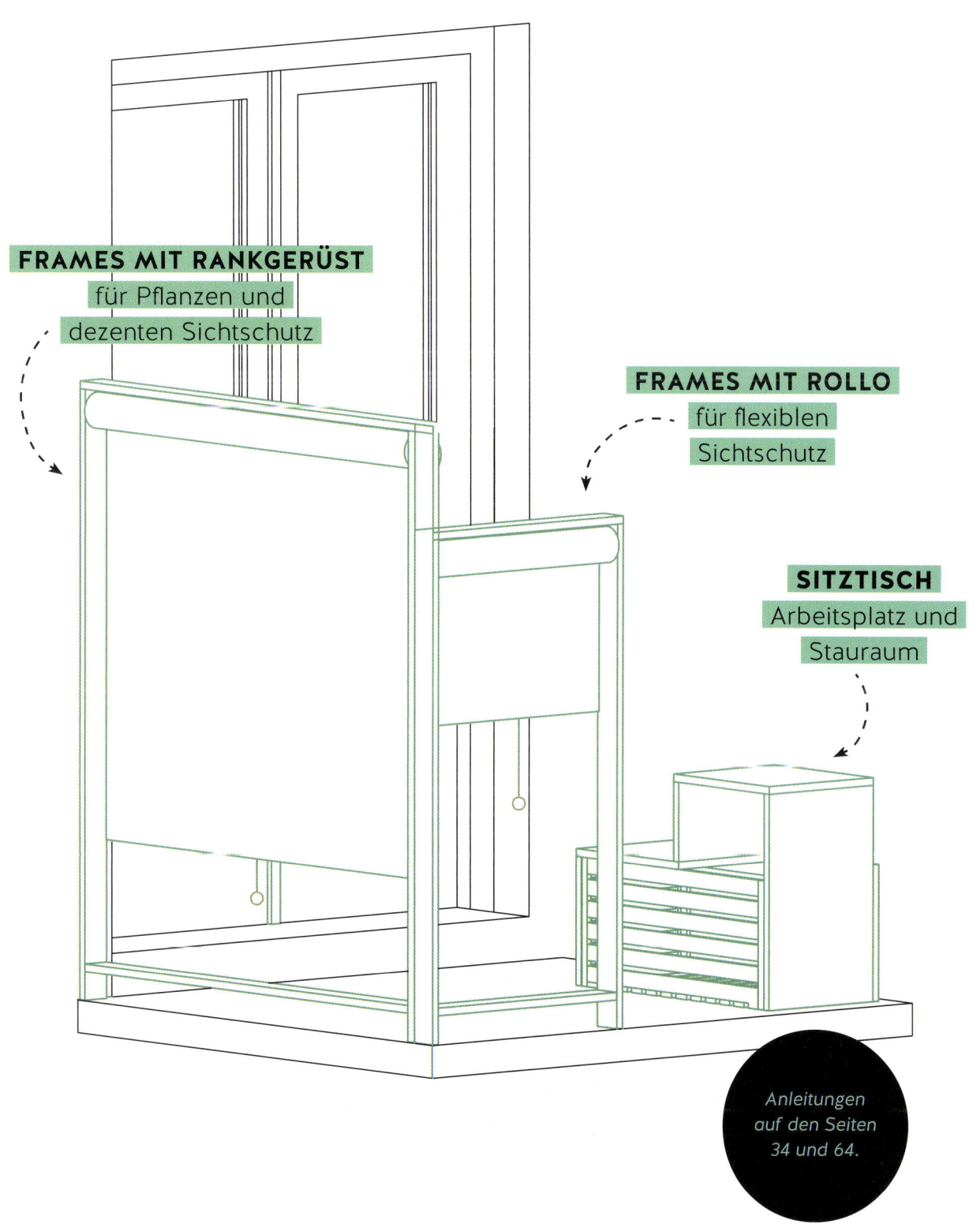

FRAMES MIT RANKGERÜST
für Pflanzen und
dezenten Sichtschutz

FRAMES MIT ROLLO
für flexiblen
Sichtschutz

SITZTISCH
Arbeitsplatz und
Stauraum

Anleitungen
auf den Seiten
34 und 64.

Insektenhotel

NATURSCHUTZ AUF DEM BALKON

Schritt 1 Wenn die offene Seite der Dose scharf-kantig ist, mit Schleifpapier und Feile glätten, damit sich die Insekten später nicht verletzen.

Schritt 2 Bambusstäbe, Schilfröhrchen und Pflanzenstängel mit der Handsäge auf Dosen-länge bringen. Kanten schmirgeln, um ggf. ent-standene Splitter zu beseitigen.

Schritt 3 Die Dose ungefähr im unteren Drittel mit etwas Holzwolle, Stroh oder Lehm füllen. Stäbe in das Füllmaterial stecken. Hohlräume zwischen den größeren Röhrchen mit dünneren Stängeln füllen, bis das Doseninnere komplett ausgefüllt ist.

Schritt 4 Die Schnur mittig um die Dose wickeln. Eine Schlaufe als Aufhängung knoten und das Insektenhotel waagerecht an einer möglichst wind- und wettergeschützten Stelle stabil auf-hängen.

DAS MATERIAL

- gereinigte Konservendose
- ggf. Schleifpapier und Metallfeile
- Bambus-/Schilfröhrchen, hohle und markhaltige Pflanzenstängel *(am besten mit unterschiedlichen Durchmessern)*
- kleine Handsäge
- Holzwolle, Stroh oder Lehm
- etwas Schnur

Wichtig: Alle Materialien müssen trocken, na-turbelassen und frei von Lack, Lösungsmitteln, Holzschutz und Pestiziden sein!

TERESA UND MAX
MIT FRITZ UND
FREUND JUSTUS

IT'S GETTING COLD OUTSIDE – IMMER AN DER FRISCHEN LUFT!

Der Winter-Balkon

*Draußen wird es kalt! Das heißt nicht zwangsläufig, dass der Balkon
nun unbenutzt bleibt. Mit der richtigen Deko, ein paar Kissen und Decken
und einer warmen Tasse Tee lässt sich das Outdoor-Zimmer
auch an schönen Wintertagen bewohnen. Außerdem wird der Balkon
zu einer spannenden Vogelbeobachtungs-Station!*

EIN BALKON FÜRS GANZE JAHR

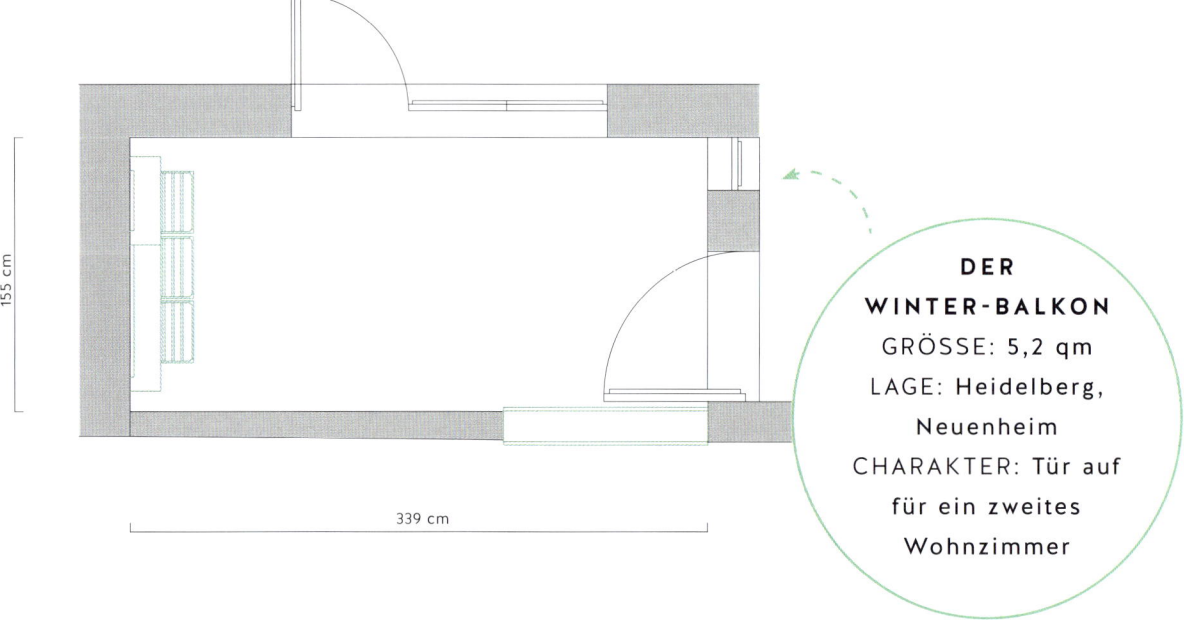

155 cm

339 cm

DER WINTER-BALKON
GRÖSSE: 5,2 qm
LAGE: Heidelberg, Neuenheim
CHARAKTER: Tür auf für ein zweites Wohnzimmer

Lange haben Max und Teresa im Münchner Stadtbezirk Sendling gelebt. Am Harras – richtig mittendrin im Geschehen. Oft war ihnen das zu laut und hektisch, vor allem seit ihr Sohn Fritz auf der Welt ist. Außerdem hat Teresa als begeisterter Balkon-Fan eine Outdoor-Fläche vermisst. Lange suchten sie nach einer neuen Wohnung im städtischen Umfeld. Für die beiden studierten Kommunikations-Designer ist die Inspiration einer Großstadt sehr wichtig. Allerdings teuer – zumindest in München …

JEDE MENGE PLATZ
Unverhofft flatterte die Nachricht von einer freien Traumwohnung ins Haus. Von einer alten Dame, die sich wohnungsmäßig verkleinern wollte. Bezahlbar! Im ersten Stock eines schönen Wohnhauses in perfekter Innenstadt-Lage mit viel Grün rundherum. Allerdings nicht in München,

sondern in Heidelberg, wo Teresa aufgewachsen ist. Nach kurzem Abwägen stand der Umzug fest, da auch die Großeltern von Fritz in der Nachbarschaft wohnen.

Inzwischen sind alle drei gut in ihrer neuen, alten Heimat angekommen. Die großzügige Altbauwohnung ist zu schön, um wahr zu sein. Eine große Flügeltür trennt Ess- und Wohnzimmer. Die großen Räume sind lichtdurchflutet. Es gibt sogar ein zusätzliches Zimmer, das als Arbeitszimmer zum Einsatz kommt. So können sich die beiden freiberuflichen Designer ein separates Büro sparen. Und das Schönste: Teresa hat wieder ihren heißgeliebten Outdoor-Bereich. Eine schicke Loggia mit Blick ins Grüne! Hier finden sich Entfaltungsmöglichkeiten, und der grüne Daumen kommt endlich wieder zum Einsatz.

DER NEUE BALKON

Wir betreten die Loggia durch eine große zwei-flüglige Tür vom Wohnzimmer aus. Ein weiterer Zugang nach draußen führt durchs Kinderzimmer. Vom Balkon aus genießen wir den Blick in die Hinterhof-Gärten einer großen Wohnanlage aus der Gründerzeit.

Die Loggia ist wie eine Nische: Von drei Seiten ummauert, bietet sie viel Privatsphäre. Über der hellgrauen Sitzbank haben wir ein einfaches Wandregal angebracht, das sich optisch am Sprossen-Raster der Wohnungstüren ori-

entiert und sich somit sehr schön einfügt. Ein guter Platz für Topfpflanzen und Deko-Elemente. Unter der Bank sorgen drei quadratische Holz-Boxen für viel Stauraum. Auf der gemauerten Brüstung befindet sich eine Holzablage für größere Pflanzentöpfe. Damit nichts abstürzen kann, werden die erhöhten Seitenteile mittels langer Schrauben gegeneinander verschraubt und klemmen sich so an das Mauerwerk.

Ein echter Hingucker ist die Lichtinstallation. Hierfür haben wir ein fertiges Kit bestehend aus zwei pendelnden LED-Röhren installiert.

DAS BALKONINTERVIEW

Studio Faubel: Wie wichtig ist dir der Balkon?

Teresa: Ich liebe meinen Balkon. Er ist für mich die ideale Schnittstelle zwischen unserem Zuhause und der Außenwelt, und ermöglicht ein Draußensein, das sich absolut geborgen anfühlt. Hier kann ich entspannen, frische Luft und Sonnenstrahlen tanken oder meine Pflanzleidenschaft ausleben.

SF: Wann bist du auf eurem Balkon?

T: Im Sommer bin ich am liebsten morgens auf dem Balkon, bevor es zu heiß wird. Abends, wenn es abkühlt, lasse ich den Tag dort aus-

klingen. Im Frühling, Herbst und Winter ist es immer dann besonders schön, wenn die Sonne stark genug ist, einen aufzuwärmen.

SF: Wo ist dein Lieblingsplatz auf dem Balkon?

T: Auf meiner Bank. Hier kann ich bequem die Füße hochlegen und in die Bäume schauen, wo sich Vögel und Eichhörnchen tummeln. Kurz nach unserem Einzug haben wir die Bank bei einem Abendspaziergang auf dem Sperrmüll entdeckt. Sie war schon ziemlich abgerockt, aber

AUFGERÄUMT
Unter der Vintage-Bank finden Balkon-Utensilien Platz.

tipp

Gepflanzte Balkon-Lieblinge

Im letzten Balkonjahr hat sich der Afrikanische Strauchbasilikum mit dem Namen „African Blue" zum Balkon-Liebling der Heidelberger entwickelt. Seine schönen blauen Blüten sind ein wahrer Bienenmagnet. Eine kleine Neuentdeckung war der Hopfen-Oregano, essbar und hübsch zugleich. Ansonsten bauen Teresa und Max liebend gerne Kräuter und Salat an. Für die kühlen Monate wird das klassische Erikakraut und etwas Feldsalat im Balkonkasten gepflanzt, um auch im Winter etwas ernten zu können. Ein weiteres Juwel ist Teresas Glyzinien-Ableger, der es hoffentlich durch den Winter schafft.

wir beschlossen, sie trotzdem mitzunehmen. An meinem Geburtstag überraschte mich meine Mutter: Sie hatte die Bank heimlich hergerichtet und in einem schönen Hellgrau gestrichen. Nun stand sie da mit einer Schleife, und ich war direkt verliebt.

Geradlinig und grafisch –
die pendelnden LED-
Röhren erhellen den
abendlichen Balkon.

TERESAS TIPP
Den Terrakotta-Töpfen habe
ich mit etwas weißem Lack
grafische Muster gegeben. So werden
sie zum schönen Hingucker.

SF: Deine Lieblingsaktivitäten auf dem Balkon?

T: Im Sommer wandert unser Küchentisch auf den Balkon für ein gemeinsames Frühstück und Abendessen. Es ist herrlich friedlich, den Tag direkt hier draußen zu beginnen. Und wenn abends das Kind schläft, liebe ich es, an lauschigen Sommerabenden zu zweit noch draußen zu sitzen. Ein kühles Getränk in der Hand, eine Kerze auf dem Tisch, und am Himmel vielleicht ein paar Sterne und Fledermäuse. Ansonsten finden hier natürlich viele Pflanzaktionen statt.

SF: Was fehlt dir auf eurem Balkon?

T: Für unseren Balkon haben wir noch diverse Pläne. Zum Beispiel möchten wir einen Raus-fallschutz für unsere Blumentöpfe bauen, die auf der Balkonbrüstung stehen. Dann brauchen wir noch etwas mehr Platz für Pflanzen.

SF: Wie verbringt euer Balkon den Winter?

T: In unserem ersten Winter hatten wir im Wald einen Korb voll Eicheln zum Basteln gesammelt und auf dem Balkon abgestellt. Plötzlich hörte ich ein leises Klappern ... und schwupps ... sehe ich einen Eichelhäher mit seinem erbeuteten Wintervorrat über die Balkonbrüstung fliegen. Seitdem wird im Winter unser Balkon zur Vogelbeobachtungs-Station, da sich unser Sohn Fritz sehr für Vögel interessiert.

Weihnachtliche Deko-Elemente aus Papier wirken stimmungsvoll und sind unaufdringlich.

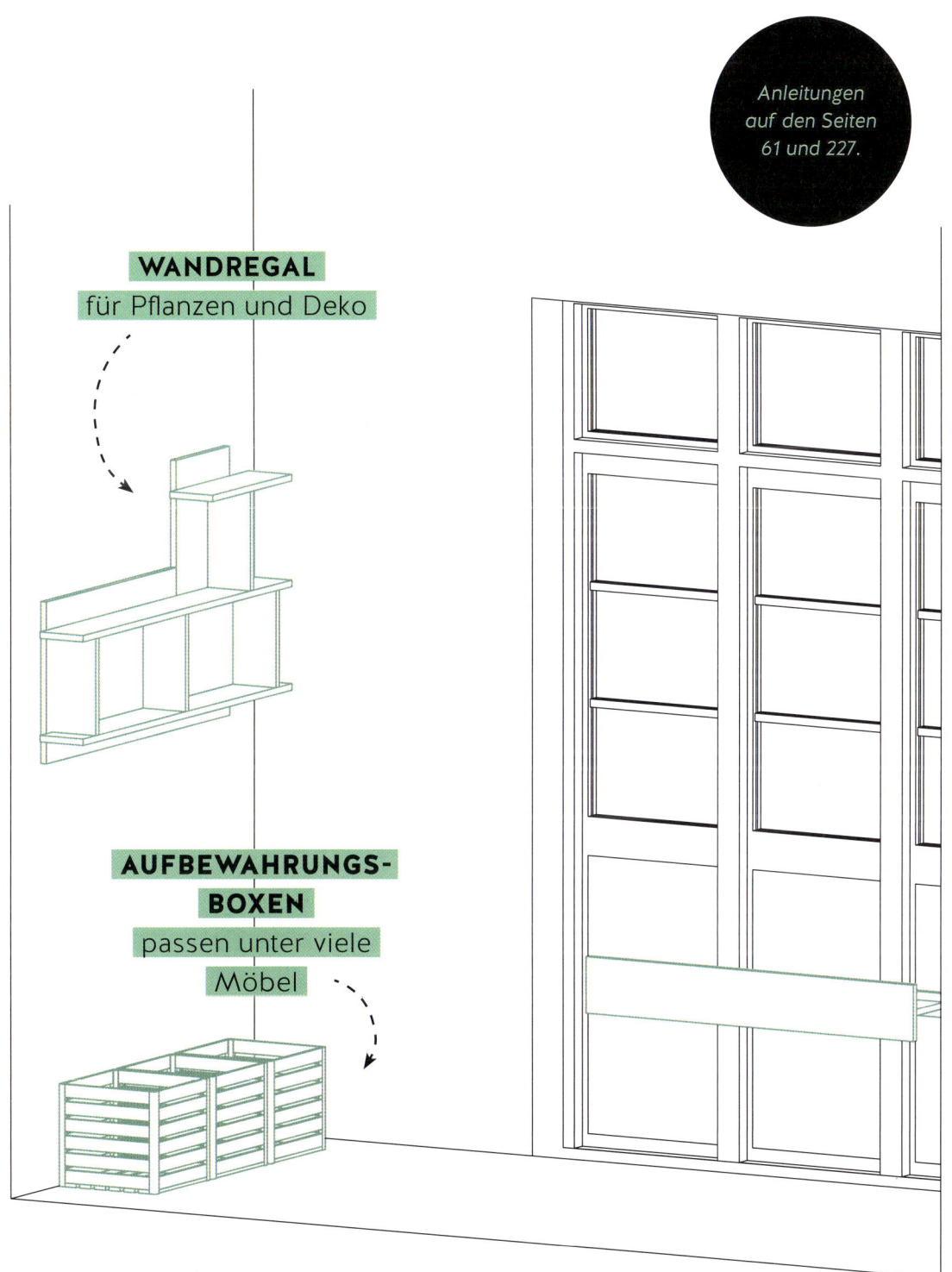

Anleitungen auf den Seiten 61 und 227.

WANDREGAL
für Pflanzen und Deko

AUFBEWAHRUNGS-BOXEN
passen unter viele Möbel

diy

Erdnusskette

Schritt 1 Eine Handvoll Erdnüsse mit Schale zurechtlegen. Ein stabiles, dickes Garn (ca. 60 cm lang) ins Öhr der Nähnadel fädeln. Am unteren Fadenende einen dicken Knoten machen. Zum Beschweren der Kette kann dort auch noch ein Kieselstein oder Ähnliches umwickelt und fest verknotet werden.

Schritt 2 Die Nüsse nacheinander dicht an dicht auffädeln. Dabei die Nussschalen vorsichtig in der Mitte durchstechen. Je spitzer die Nadel, desto besser! Ein Stück Garn als Aufhängung übriglassen und die letzte Erdnuss mit einem großen Knoten am oberen Fadenende fixieren.

Schritt 3 Die Erdnusskette mit Hammer und Nagel an einen geeigneten Platz am Balkon hängen. Die Vögel sollten sich dort sicher fühlen. Los geht's! Flugbahn frei für Eichelhäher, Blaumeise, Buntspecht und Co.

DAS MATERIAL

- Erdnüsse mit Schale
- dickes Garn (oder Blumendraht)
- spitze Nähnadel
- ggf. Kieselstein
- Hammer
- Nagel

Dieses DIY ist nicht nur blitzschnell gemacht, sondern auch sehr nützlich – vor allem im Winter, wenn hungrige Vögel in der Natur wenig Nahrung finden.

plus app

MIT DER GU GARTEN & NATUR PLUS-APP WIRD TINY BALCONY INTERAKTIV

Dieser Ratgeber hält noch weitere Baupläne und Anleitungen für Sie bereit. Die entsprechenden Stellen im Buch sind durch folgendes Icon gekennzeichnet:

- Was Sie für ein Rankgerüst mit Regalanbau brauchen und wie Sie es bauen, finden Sie auf Seite 38
- Die Materialliste und eine Explosionszeichnung für das Frames-Regal auf Seite 41
- Die Materialliste und eine Explosionszeichnung für einen Klapptisch auf Seite 47
- Die Materialliste und eine Explosionszeichnung für ein Kisten-Regal auf Seite 59
- Die Materialliste und eine Explosionszeichnung für eine extra lange Boxen-Couch sowie Tipps zum Maßschneidern auf Seite 63
- Die Materialliste und eine Explosionszeichnung für den Sitztisch auf Seite 65
- Die Materialliste und Zuschnittpläne sowie eine Explosionszeichnung für den Stecksessel auf Seite 69

- Die Materialliste und Zuschnittpläne sowie eine Explosionszeichnung für den Klappsekretär auf Seite 75
- Die Materialliste und Zuschnittpläne sowie eine Umbauanleitung für die Klappcouch auf Seite 81
- Eine Schritt-für-Schritt-Anleitung für einen Brezelknoten auf Seite 100
- Die Materialliste sowie eine Explosionszeichnung und eine Schritt-für-Schritt-Anleitung für die Getränkekisten-Couch auf Seite 145
- Die Materialliste sowie eine Explosionszeichnung und eine Schritt-für-Schritt-Anleitung für einen Schirmständer auf Seite 146
- Die Materialliste sowie eine Explosionszeichnung und eine Schritt-für-Schritt-Anleitung für ein Wandregal auf Seite 228

BAUPLÄNE UND ANLEITUNGEN FINDEN – SO EINFACH GEHT'S:
Sie brauchen nur ein Smartphone und einen Internetzugang.

1. APP HERUNTERLADEN
Laden Sie die kostenlose GU Garten & Natur Plus-App im Apple App Store oder im Google Play Store auf Ihr Smartphone. Starten Sie die App und wählen Sie Ihr Buch aus.

2. BILD SCANNEN
Scannen Sie nun jeweils die im Buch gekennzeichneten Bilder mit der Kamera Ihres Smartphones und tauchen Sie weiter ein in die Welt der tiny Balkonmöbel.

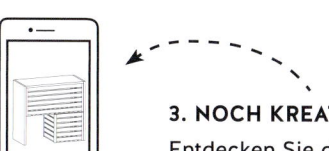

3. NOCH KREATIVER WERDEN
Entdecken Sie detaillierte Zuschnittpläne, hilfreiche Explosionszeichnungen, zusätzliche Projekte und Materiallisten für noch einfacheres Einkaufen.

NÜTZLICHE ADRESSEN

Blogs zu den Themen Gärtnern & Pflanzen & DIY
• Garten Fräulein (Silvia): www.garten-fraeulein.de
Im Blog finden Sie viele tolle Ideen, Tipps und jede
Menge Inspiration rund ums Thema Gärtnern.
• Igor Josifovic: https://happyinteriorblog.com
Seit 2011 bloggt Igor über kreative Einrichtungs-
ideen, Reisen und vor allem Pflanzen.

DIY & Papeterie
• Julia Romeiß & Susanne Rutz:
www.herzlichst-shop.de
Papeterie, Gruß- & Glückwunschkarten für Hoch-
zeiten, Geburten, Taufen, Weihnachten & Co.
sowie jede Menge Accessoires.

Bastel- & Künstlerbedarf
• idee. Der Creativmarkt: www.idee-shop.com
Online-Shop für Bastelbedarf.

Offene Werkstätten & Repair-Cafés
Sie haben weder Platz, noch das richtige Werkzeug
und wollen schon gar nicht alleine werkeln? Hier
finden Sie die passende Werkstatt in Ihrer Nähe:
• www.offene-werkstaetten.org
• https://repaircafe.org/de/

ÜBER DIE MACHER

Julia Romeiß ist Kommunikations-Designerin und
DIY-Coach. Nachdem sie in renommierten De-
sign-Büros mehrere Jahre Erfahrungen im Bereich
Corporate Design, Ausstellungs- und Messegestal-
tung sammelte, arbeitet sie seit 2009 als freischaf-
fende Designerin für Unternehmen, Agenturen und
Privatkunden. Inzwischen sind zahlreiche DIY-Bü-
cher von Julia erschienen. „Tiny Balcony" ist ihr
achtes Buch. Sie ist Mitinhaberin des Papeterie-La-
bels „Herzlichst". Als Influencerin schreibt sie auf
ihrem Blog und Instagram-Account „Ein Stück vom
Glück" mit Begeisterung über DIY, Design, Wohnen
und Reisen und beschäftigt sich mit dem Thema
„Selbstständigkeit und Kinder".

Gregor Faubel und Julia betreiben das Designbüro
„Studio Faubel". Gregor studierte an der FH Rosen-
heim Innenarchitektur, bevor er sich 2010 selbst-
ständig machte. Neben Möbel und Accessoires für
internationale Industrie-Hersteller gestaltet Gregor
Innenräume, Messestände und Lichtkonzepte für
Architekturbüros und Agenturen.
Die Freude am Gestalten verbindet die beiden. Nicht
nur beruflich, auch privat sind Julia und Gregor ein
eingespieltes Team. Sie leben mit ihren beiden Kindern (1 und 4 Jahre) in Dachau bei München.

Hier gibt's noch mehr über die Autoren zu lesen:
www.studiofaubel.de
www.einstueckvomglueck.com
www.julia-romeiss.de

DANKESCHÖN

An unsere langjährige Redakteurin Sonja Forster, die
uns immer mit viel Herzblut betreut, sowie unsere
Lektorin Angelika Sust für ihr Adlerauge und ihr
enormes Handwerker-Know-how. Ling Khor, unsere
Fotografin, die den größten Teil unserer Balkone
samt Bewohner und uns porträtiert hat, und in deren
Fotos wir uns so wiedergefunden haben. An Anna
Schlecker für das gelungene Layout.
Dem Architekten Rainer Schmidt und dem Möbel-
produzenten Jochen Müller für die aussagekräftigen
Experten-Interviews, die den ersten Buchteil sehr
bereichern. Uri Anni und Opa Julius fürs spontane
Babysitten, und generell an unsere Familien für ihre
liebevolle Unterstützung.
Unsere Balkonbewohner Igor, Tina, Max, Béla,
Susanne, Wolfgang, Ida, Emilia, Christine, Lilly,
Helena, Silvia, Marco, Lina, Max, Alma, Sonja,
Marion, Sebi, Xaver, Nora, Elena, Teresa, Max und
Fritz, danke, dass ihr uns auf dem spannenden
Balkon-Abenteuer begleitet habt und wir euch be-
suchen durften. Ohne euch wäre das Buch nicht zu
dem geworden, was es jetzt ist!
Und natürlich ein großes Dankeschön an den Gräfe
und Unzer-Verlag für die Realisation des Projekts
und die tolle Unterstützung.

IMPRESSUM

Projektleitung: Sonja Forster
Lektorat: Angelika Sust
Bildredaktion: Petra Ender
Umschlaggestaltung und Layout: independent Medien-Design, Horst Moser, München
Layoutumsetzung, Satz: Marion Feldmann
Herstellung: Petra Roth
Reproduktion: Longo AG, Bozen
Druck: Firmengruppe APPL, aprinta druck, Wemding
Bindung: Conzella, Pfarrkirchen
Printed in Germany

Umwelthinweis:
Dieses Buch ist auf PEFC-zertifiziertem Papier aus nachhaltiger Waldwirtschaft gedruckt.

ISBN 978-3-8338-7404-8
1. Auflage 2020

BILDNACHWEIS

Illustration Cover, Vor- und Nachsatz: Lars Baus

Foto Vor- und Nachsatz: plainpicture

Alle Pläne und Zeichnungen im Buch: Gregor Faubel

Wei Ling Khor: Balkonfotografie Seite 90–102, 116–151 sowie 166–223 und Autorenporträts 5–11
Julia Romeiß: Reportagen, Projekte und Steps Seite 12–87 sowie Balkonfotografie Seite 104–115, 152–165 und 224–235

Ein Unternehmen der
GANSKE VERLAGSGRUPPE

f www.facebook.com/gu.verlag

LIEBE LESERINNEN UND LESER,
wir wollen Ihnen mit diesem Buch Informationen und Anregungen geben, um Ihnen das Leben zu erleichtern oder Sie zu inspirieren, Neues auszuprobieren. Wir achten bei der Erstellung unserer Bücher auf Aktualität und stellen höchste Ansprüche an Inhalt und Gestaltung. Alle Anleitungen und Rezepte werden von unseren Autoren, jeweils Experten auf ihren Gebieten, gewissenhaft erstellt und von unseren Redakteuren/innen mit größter Sorgfalt ausgewählt und geprüft.

Haben wir Ihre Erwartungen erfüllt? Sind Sie mit diesem Buch und seinen Inhalten zufrieden? Haben Sie weitere Fragen zu diesem Thema? Wir freuen uns auf Ihre Rückmeldung, auf Lob, Kritik und Anregungen, damit wir für Sie immer besser werden können. Und wir freuen uns, wenn Sie diesen Titel weiterempfehlen, in Ihrem Freundeskreis oder bei Ihrem online-Kauf.

Sollten wir Ihre Erwartungen so gar nicht erfüllt haben, tauschen wir Ihnen Ihr Buch jederzeit gegen ein gleichwertiges zum gleichen oder ähnlichen Thema um.

KONTAKT
GRÄFE UND UNZER VERLAG
Leserservice
Postfach 86 03 13
81630 München
E-Mail: leserservice@graefe-und-unzer.de

Telefon: 00800 / 72 37 33 33*
Telefax: 00800 / 50 12 05 44*
Mo-Do: 9.00–17.00 Uhr
Fr: 9.00–16.00 Uhr
(*gebührenfrei in D,A,CH)